人工智能与大数据分析

李嵩　陆佃杰　编著

延边大学出版社

图书在版编目（CIP）数据

人工智能与大数据分析 / 李嵩，陆佃杰编著. -- 延吉 ：延边大学出版社，2023.2
ISBN 978-7-230-04510-0

Ⅰ. ①人… Ⅱ. ①李… ②陆… Ⅲ. ①人工智能－应用－数据处理 Ⅳ. ①TP18②TP274

中国国家版本馆CIP数据核字(2023)第031977号

人工智能与大数据分析

编　　著：李　嵩　陆佃杰
责任编辑：孟凡现
封面设计：文合文化
出版发行：延边大学出版社
社　　址：吉林省延吉市公园路977号　　邮　　编：133002
网　　址：http://www.ydcbs.com　　E-mail：ydcbs@ydcbs.com
电　　话：0433-2732435　　传　　真：0433-2732434
印　　刷：天津市天玺印务有限公司
开　　本：710×1000　1/16
印　　张：12
字　　数：200 千字
版　　次：2023 年 2 月 第 1 版
印　　次：2024 年 6 月 第 2 次印刷
书　　号：ISBN 978-7-230-04510-0

定价：58.00元

前　　言

人工智能涉及计算机科学、认知科学、神经生理学、仿生学、心理学、哲学等多个学科，它是在这些学科研究的基础上发展起来的综合性很强的交叉学科，是当今社会计算机科学中非常活跃的分支之一。随着互联网技术的不断发展，人工智能在多个领域得到了迅速发展，并渗透到人类生活的方方面面。

在当今时代背景下，人工智能作为一项高精尖技术，已然成为信息技术研发领域的关键。在人工智能发展过程中，大数据技术发挥着重要作用，对增强人工智能的科技含量及智能水平，实现智能化操控具有积极作用。

本书主要对人工智能及大数据进行系统分析，阐明基本概念、基础原理，以及相关领域的应用。全文由北明成功软件（山东）有限公司高级工程师李嵩、山东师范大学信息科学与工程学院教授陆佃杰负责编写，其中李嵩工程师主要负责第一章至第六章内容，字数约 15 万字；陆佃杰教授主要负责第七、八章内容，字数约 5 万字。第一、二章主要介绍了人工智能的基础与应用，及其关键技术；第三、四章阐述了大数据技术与应用，同时分析了大数据与人工智能的密切关系；第五章主要分析了人工智能的行业应用；第六章主要介绍了下一代人工智能，包括人工智能围棋、无人驾驶汽车、无人超市、情感机器人、智能医疗等；第七章基于大数据，对人工智能的发展进行了展望；最后一章主要就人工智能时代面临的社会风险进行了分析，同时给出了相应的对策。整本书结构合理，内容系统，能够让读者通过此书了解人工智能及大数据的相关内容。

由于作者水平及精力有限，错漏之处在所难免，希望广大读者批评指正。

笔者

2022 年 11 月

目　录

第一章　人工智能的基础与应用

第一节　人工智能概述

一、人工智能的概念

人工智能（Artificial Intelligence，简称 AI）是研究、开发用于模拟、延伸和扩展人类智能的理论、方法、技术及应用系统的一门学科。“智能”是古今中外许多哲学家和脑科专家一直在努力探索和研究的问题，但至今尚未完全研究清楚。因此，迄今为止学术界也没有给人工智能下一个明确的定义。下面列举部分学者对人工智能的描述。

①人工智能是某些活动（与人的思想、决策、问题求解和学习等有关的活动）的自动化过程。

②人工智能是一种使计算机能够思维，使计算机具有智力的新尝试。

③人工智能是用计算机模型研究智力行为的技术。

④人工智能是一种能够自主执行人类智能行为的技术。

⑤人工智能是一门通过计算过程力图理解和模仿智能行为的学科。

⑥人工智能是计算机科学中与智能行为的自动化有关的一个分支。

⑦人工智能是研究和设计具有智能行为的计算机程序的技术，可执行人或动物所具有的智能行为。

综合上述学者对人工智能的描述，我们可以这样理解：人工智能是指能够让计算机像人一样拥有智能，可以代替人类实现识别、认知、分析和决策等多种功能的技术。

例如，智能机器服务员能够将语音识别成文字，然后进行分析理解并与人对话，最后为客户提供服务。

二、人工智能的特点

（一）人工智能是归纳的

人工智能系统从它们收集到的反馈数据中学习，来响应它们早期的决策。它们的预测和行动只取决于它们所获得的数据。这一特点使得人工智能系统与传统的基于演绎（固定规则）的计算机程序有很大的不同。传统的计算机程序根据既定规则处理数据，但并不从中学习和总结经验。人工智能是从大数据中发现规律，并形成自己的规则，所以人工智能是归纳的。

（二）人工智能的算法并不复杂

人工智能经历了很长的发展时间，其核心算法并不复杂。常用的人工智能算法包括决策树、随机森林、逻辑回归、支持向量机、朴素贝叶斯等。这些算法在数理逻辑上不算非常复杂，实现上述算法的计算机代码也是从几行到几百行不等。因此，基本的人工智能算法很容易学习，这也是人工智能发展如此迅速的原因之一。人工智能的复杂性在于将其应用于现实问题，并取得成效。

（三）人工智能以超人的速度和规模工作

计算机电子信号的传播速度比人脑中的电化学信号快一百万倍，因此人工智能可以处理大量数据——在很多实际应用场景中，其处理速度都是微秒级的。例如，在“双十一”当天的电子商务交易系统背后，人工智能可能是参与者和监管者唯一的选择。而且，计算机处理能力（也包括存储能力）的进化遵循摩尔定律，几乎是指数级增长的，而人类大脑的处理能力则遵循生物进化的一般规律，其进化非常缓慢。同时，计算机具有很强的记忆能力，一台计算机学到的东西会立刻被其他所有计算机学得，甚至可以实现“全球秒级同步”，并且容易实现并机运算。相比之下，人类大脑至少在处理能力上很难实现并机运算，而且还容易受到主观偏见、自利倾向等因素的干扰。与人类相比，人工智能的最大优势在于其计算能力强、处理速度快、处理数据的规模大。

（四）人工智能的语言和视觉能力进步最快

人工智能领域近年来最重要的突破之一，就是机器通过与人类互动，获取与人类相关的知识，从而在现实世界中辨别事物和方向。目前，人工智能在感知层面的能力（计算机语音、自然语言处理和计算机视觉）发展是最快的，尽管这些技能还不完善，但可以适用于很多情景，而且它们还在快速改进。有些业界专家把人工智能在语音和视觉方面的快速发展比喻成“寒武纪”。寒武纪距今5.42亿～4.85亿年。在寒武纪后期几百万年的时间内，地球上绝大多数无脊椎动物几乎“同时”“突然”地出现了，这被称为寒武纪的物种大爆发。寒武纪物种大爆发的重要原因是地球生物开始具备了视力，在生物获得这种能力后，它们能够更有效地探索环境。现在，计算机也开始具备视觉能力，它们不仅能“看到”这个世界，而且能“看懂”这个世界，尽管这种“看懂”和人类相比还有巨大差距。

（五）人工智能克服了传统的复杂性障碍

人工智能可以处理线性问题和非线性问题。人类社会进入大数据时代后，我们有了越来越多的数据，各种数据之间形成了复杂的关系，其中大量是非线性关系。在有效处理这些关系的问题上，人工智能技术正好可以大显身手。例如，人类想改善整个城市的交通状况，但是需要考虑的因素实在太多，并且各个因素之间存在着大量的非线性关系。这超出了人类和传统计算机程序的能力，此时便需要人工智能来助一臂之力。

（六）人工智能解决问题的方式与人类完全不同

人工智能的目标是解决问题，而不是简单地模仿。工程师不会设计一辆汽车，让它像马一样移动，同理，自动驾驶也不应该仅仅是简单模仿人类驾驶员的行为。最直观的例子是人工智能在医学影像诊断方面的应用。医生往往需要具备大量的医学知识，再结合医学影像等信息，才能做出诊断决策，而人工智能系统完全没有医学背景知识，也可以做出诊断，在很多情况下，其准确率甚至高于医生。事实上，即使面对的是医学影像，人工智能系统看到的也是“数据”，而医生看到的才是“影像”。也可以说，人类决策依靠的是“语义逻辑”，而人工智能（尤其是基于深度学习的人工智能）依靠的是“统计逻辑”。因此，我们可以说，人工智能解决问题的方式与人类完全不同。

（七）人工智能较难被质询

为了了解机器为什么能做出特定的决策，人类必须设计系统，使得机器的决策过程是可跟踪的。为此可能还需要使用一些前沿算法，比如那些在深度学习应用程序中使用的算法。实际上，最近几年人工智能最重要的进展大多与深度学习有关。深度学习依赖于多层神经网络，通常层数越多，学习效果越好，但其可解释性也越差。这被称为人工智能的“黑箱”，也被称为人工智能的“逻辑不可解释性”。这也是目前以深度学习为主要支撑的人工智能技术所面临的最大挑战之一。在实际应用场景中，如果我们关注过程甚于结果，应用人工智能就会遇到很大障碍。例如，人工智能医学诊断系统可以给出诊断建议，但是不能解释为什么，这时候还需要医生来解释。

（八）人工智能行动是分散的，但学习是集中的

人工智能结合了集中化和分布式两种架构。例如，虽然无人驾驶汽车可实现自动驾驶，但它们会将数据传输到一个中央数据中心。然后，中央系统对车队中每辆车的聚合数据进行学习，这些汽车再基于中央系统的学习定期更新软件。

需要注意的是，大数据是训练人工智能的“养料”。因此，所有厂商都不会放弃收集数据的机会，这势必会引起隐私保护、数据伦理等一系列问题。

（九）人工智能的商业价值来自数据和训练

想建立一个成功的人工智能系统，好的数据和训练远比好的裸写算法重要。数据将成为重要的资产，而不仅仅是资源。对大数据（训练集）的依赖也是目前人工智能的局限性之一。而且，如果训练集有偏差，那么训练出来的人工智能系统也是有偏差的。同时，人工智能的泛化迁移能力较差，基本不具备“举一反三”和“触类旁通”的能力。训练好的人工智能系统只能解决特定问题，如果问题的背景、条件、影响因素等发生变化，人工智能则不具备解决相应问题的能力。

（十）人机交互转变

人机交互转变有两层含义。第一，从宏观层面来讲，在越来越多的实际场景中，我们开始用人工智能来提高人的工作效率，而人工智能的算法优化也离不开人类的帮助。简言之，人类和人工智能正处在一个相互增强的循环当中。第二，从具体技术层面来讲，我们可以看到，基于计算机语言、自然语言处理、计算机视觉等技术的新一代人机交互方式已然出现，例如自然用户界面、拟人

化交互设计、上下文感知计算、情感计算、语音交互及多模态界面等。

三、人工智能的分类

百度创始人、董事长兼首席执行官李彦宏认为，人工智能发展包括弱人工智能、强人工智能和超人工智能三个阶段。虽然强人工智能和超人工智能距我们尚远，但我们应运用前瞻思维深入思考未来可能出现的突出问题，如人工智能是否安全可控、人会不会被机器取代、人与机器的责任如何界定等。

借鉴李彦宏对人工智能的分类，从目前全世界人工智能的研发现状看，人工智能按能力可以分为三类。

（一）弱人工智能

即擅长于单一方面的人工智能，如我们手机的语音助手、导航系统、智能翻译等。

（二）强人工智能

即人类级别的人工智能，在各方面都能和人类比肩，能够思考问题、解决问题、发展抽象思维、理解复杂理念、快速学习和从经验中学习等。人工智能要想达到这一阶段还有很多技术难题要攻克。

就这二者而言，弱人工智能指的是该智能系统能够在行为上表现得与人类相似，但其实其并没有意识；而强人工智能则指的是那些真正具备思维能力和认知状态的系统。事实上，我们需要注意的是，弱人工智能其实并不那么弱。这种“弱”是由人工智能无法复制人类大脑及其意识而得出的结论。例如，人类可以通过语境很轻松地识别出“抱负”和“报复”这两个词，但是对于人工智能系统而言却有一定难度，因为它并没有像人类那样依靠语境来理解、区分词义的能力，而主要依靠统计和分析大量数据文件去辨别词义。

（三）超人工智能

哲学家兼人工智能伦理专家尼克·博斯特罗姆（Nick Bostrom）认为超人工智能“在几乎所有领域都比最聪明的人类大脑要聪明很多，包括科学创新、通识和社交技能”。这种类型的人工智能更多的是出现在影视作品中。

人工智能革命是从弱人工智能，经过强人工智能，最终到达超人工智能的过程。

四、人工智能发展的驱动因素

人工智能的发展历程几乎与计算机相同，但是人工智能的发展并非一帆风顺的。人工智能的迅猛发展是多种因素共同作用的结果。

（一）算法改进

新一代人工智能不是基于既定规则的传统计算机程序，而是依靠机器学习形成某种能力。可以说，人工智能是机器自己学会的，但是机器学习的方法是人类开发的。

传统人工智能发展缓慢的原因之一就是机器的学习方法过于低效。传统机器学习算法一般要人工提取特征，由机器根据输入的特征和分类构建关联规则，其本质是实现特征学习器功能。传统机器学习算法的扩展性较差，适合小数据集，其模拟现实世界特征、规律的能力很差。新一代人工智能迅速发展的主要原因之一就是基于深度神经网络的深度学习算法的发展。深度学习算法的特征提取和规则构建均由机器完成。深度学习是一个复杂的、包含多个层级的数据处理网络，根据输入的数据和分类结果不断调整网络的参数设置，直到满足要求为止，形成特征和分类之间的关联规则。多层人工神经网络是最典型的深度学习算法，深度学习的隐含层数量决定了网络的拟合能力。

（二）算料富集

海量、多维、异构的大数据为机器学习提供了养料。深度学习算法需要以海量大数据为支撑，数据驱动是深度学习算法区别于传统机器学习的关键。人工神经网络算法起源于 20 世纪 40 年代，它的兴起在一定程度上源于互联网带动数据量爆发。互联网生产并存储大量图片、语音、视频及网页浏览数据，移动互联网更是将数据拓展到线下场景。2009 年，由美国斯坦福大学李飞飞教授团队发布的 ImageNet 图片数据集包含了超过两万类物体的图片，其中超过 1 400 万张图片被 ImageNet 手动注释，以指示图片中的对象。ImageNet 为整个人工智能视觉识别领域奠定了数据基础。自那时起，诸多计算机视觉任务的新模型、新思想的本质都是在 ImageNet 数据集上进行预训练的，再对相应的目标任务进行微调，以取得良好的实践效果。

（三）算力暴涨

“深度学习＋大数据”需要高速率和大规模的算力作为支撑条件。算力增长首先得益于至今仍在发挥作用的摩尔定律，计算机处理器的能力几十年来一直在高速发展，而其成本却在不断下降。但是，传统的中央处理器（Central Processing Unit，简称 CPU）擅长逻辑控制和串行计算，大规模和高速率计算能力不足。从 CPU 芯片架构来看，负责存储的 Cache、DRAM 模块和负责控制的 Control 模块占据了 CPU 的大部分，而负责处理计算的 ALU 仅占据了很小一部分，因此 CPU 难以满足深度神经网络所要求的大规模和高速率。而图形处理器（Graphics Processing Unit，简称 GPU）弥补了 CPU 在并行计算上的短板，其大规模、高速率的算力加速了深度学习训练。GPU 最初用于电脑和工作站的绘图运算处理，对图片的每个像素进行处理是一项庞大且具有重复性的工作，由于负责计算的 ALU 单元占据了 GPU 架构的大部分，因此 GPU 可一次执行多个指令算法。以英伟达公司的 GPU 为例，Tesla P100 和 Tesla V100 的推理学习能力分别是传统 CPU 的 15 倍和 47 倍。2011 年，GPU 被引入人工智能，并行计算加速了多层人工神经网络的训练。吴恩达教授领导的谷歌大脑研究工作结果表明，12 枚英伟达公司的 GPU 芯片具有相当于 2 000 枚 CPU 芯片的深度学习性能。

（四）协作开发

以往的人工智能系统是基于本地化专业知识进行设计、开发的，以知识库和推理机为中心而展开，推理机设计内容由不同的专家系统应用环境决定，且模型函数与运算机制均单独设定，一般不具备通用性。同时，知识库是开发者收集录入的专家分析模型与案例的资源集合，只能够在单机系统环境下使用且无法连接网络，升级更新较为不便。

近些年，人工智能系统的开发工具日益成熟，通用性较强且各具特色的开源框架不断涌现，如谷歌的 TensorFlow、Facebook 的 Torchnet、百度的 PaddlePaddle 等，其共同特点是基于 Linux 系统，具备分布式深度学习数据库和商业级即插即用功能，能够在 GPU 上较好地继承 Hadoop 和 Spark 架构，广泛支持 Python、Java、Scala 等流行开发语言，并可与硬件结合，生成各种应用场景下的人工智能系统与解决方案。

（五）应用落地

政策的密集出台和资本的大力投入为人工智能的发展提供了沃土，使技术逐渐转化为商业应用，并成功落地。在政策支持方面，中国、美国、法国、日本等国家均出台了产业发展规划，中国对人工智能产业的政策支持力度不断加大。在2015年，人工智能还只是“中国制造2025”和“互联网＋”战略的子集，而到了2017年，人工智能已具备了独立战略规划和实施细则，并被写入政府工作报告。2016年，美国陆续发布了《为人工智能的未来做好准备》《国家人工智能研究和发展战略计划》《人工智能、自动化和经济》等报告，为美国人工智能产业的发展描绘了宏伟蓝图。此外，法国和日本也推出了人工智能战略。

在资本投入方面，随着新一代人工智能不断在交通、金融、安防、医疗、教育等领域发挥作用，人们发现人工智能已经变成一种具有巨大经济潜力的技术，很多企业已经把人工智能看作一种战略性投入。目前，人工智能发展呈现业界投入、资本驱动的局面。人工智能研究从过去的学术驱动转变成产业和应用驱动，形成“数据—技术—产品—用户”的往复循环。谷歌、亚马逊、阿里巴巴、百度、腾讯等互联网巨头都大力进行人工智能研发，并成为人工智能行业的领军企业和基础设施提供商。

第二节　人工智能的产生与发展

一、人工智能的产生

电子计算机的出现使信息存储和处理的各个方面都发生了变革，计算机理论的发展推动了计算机科学的产生，并最终促进了人工智能的出现。

虽然计算机为人工智能提供了必要的技术基础，但人们直到20世纪50年代才注意到人工智能与机器之间的联系。诺伯特·维纳（Norbert Wiener）是最早研究反馈理论的美国人之一，维纳从理论上指出，所有的智能活动都是反馈机制的结果，而反馈机制是有可能用机器模拟的。这一发现对早期人工智能的发展影响很大。

1956 年夏季，以约翰·麦卡锡（John McCarthy）、马文·李·明斯基（Marvin Lee Minsky）、克劳德·艾尔伍德·香农（Claude Elwood Shannon）等为首的一批有远见卓识的年轻科学家在达特茅斯会议上，共同研究和探讨用机器模拟智能的一系列有关问题，首次提出了“人工智能”这一术语，它标志着“人工智能”这门新兴学科的正式诞生。

1997 年 5 月，国际商业机器公司（International Business Machines Corporation，简称 IBM）研制的“深蓝”（Deep Blue）计算机战胜了国际象棋大师加里·基莫维奇·卡斯帕罗夫（Garry Kimovich Kasparov），这是人工智能技术的一次完美展现。

我国政府以及社会各界都高度重视人工智能学科的发展。2017 年 12 月，人工智能入选“2017 年度中国媒体十大流行语”。2019 年 6 月，中国国家新一代人工智能治理专业委员会发布《新一代人工智能治理原则——发展负责任的人工智能》，提出了人工智能治理的框架和行动指南。这是中国促进新一代人工智能健康发展，加强人工智能法律、伦理、社会问题研究，积极推动人工智能全球治理的一项重要成果。

二、人工智能的发展

人工智能的发展历程较为曲折，大致可以划分为以下六个时期。

（一）起步发展期：1956年～20世纪60年代初

人工智能概念被提出后，相继取得了一批令人瞩目的研究成果，如机器定理证明、跳棋程序、LISP表处理语言等，掀起了人工智能发展的第一个高潮。

（二）反思发展期：20世纪60年代～70年代初

人工智能发展初期的突破性进展大大提高了人们对人工智能的期待值，人们开始尝试更具挑战性的任务，并提出了一些不切实际的研发目标。然而，接二连三的失败和预期目标的落空，使人工智能的发展进入低谷。

（三）应用发展期：20世纪70年代初～80年代中期

20世纪70年代出现的专家系统，可以通过模拟人类专家的知识和经验解决特定领域的问题，实现了人工智能从理论研究走向实际应用、从一般推理策略探讨转向运用专门知识的重大突破。专家系统在医疗、化学、地质等领域取得的成功，推动人工智能进入应用发展的新高潮。

（四）低迷发展期：20世纪80年代中期～90年代中期

随着人工智能的应用规模不断扩大，专家系统存在的应用领域狭窄、缺乏常识性知识、知识获取困难、推理方法单一、缺乏分布式功能、难以与现有数据库兼容等问题逐渐暴露出来。

（五）稳步发展期：20世纪90年代中期～2010年

由于网络技术，特别是因特网技术的发展，信息与数据的汇聚不断加速，因特网应用的普及加速了人工智能的创新研究，促使人工智能技术进一步走向实用化。1997年，“深蓝”超级计算机战胜了国际象棋世界冠军卡斯帕罗夫；2008 年，IBM 公司提出了“智慧地球”的概念，这些都是这一时期的标志性事件。

（六）蓬勃发展期：2011 年至今

随着因特网、云计算、物联网、大数据等信息技术的发展，泛在感知数据和图形处理器等计算平台推动以深度神经网络为代表的人工智能技术飞速发展，大幅跨越科学与应用之间的技术鸿沟，图像分类、语音识别、知识问答、人机对弈、无人驾驶等具有广阔应用前景的人工智能技术经过了从“不能用、不好用”到“可以用”的技术发展过程，人工智能发展进入爆发式增长的新高潮。

第三节　人工智能的研究内容和应用领域

一、人工智能的研究内容

人工智能涉及多个学科，其研究内容包括知识表示、知识推理、知识应用、机器学习、机器感知、机器思维和机器行为等。

（一）知识表示

人工智能研究的目的是建立一个能模拟人类智能行为的系统，但知识是一切智能行为的基础，要把知识存储到计算机中，首先要研究知识表示的方法。

知识表示是把人类的知识概念化、形式化或模型化。一般来说，就是运用符号、算法和状态图等来描述待解决的问题。目前，相关研究人员提出的知识表示方法主要包括符号表示法和连接机制表示法等。

（二）知识推理

推理是人脑的基本功能。要想让机器实现人工智能，就必须赋予机器推理能力。

知识推理是指在计算机或智能系统中，根据推理控制策略，模拟人类的智能推理方式进行问题求解的过程。

（三）知识应用

人工智能是否获得广泛应用是衡量其生命力和检验其生存力的重要标志。20 世纪 70 年代，利用知识表示和推理实现的专家系统得到广泛应用，使人工智能走出了低谷，获得快速发展。后来，机器学习和自然语言处理的应用研究取得了重大进展，这又促进了人工智能的进一步发展。当然，知识应用的发展离不开知识表示和知识推理等基础理论及技术的进步。

（四）机器学习

机器学习是继专家系统之后人工智能的又一重要研究领域，也是人工智能和神经计算的核心研究课题之一，是使计算机具有智能的根本途径。学习是人类具有的一种重要智能。机器学习则意味着计算机能够模拟人类的学习行为，实现自主获取新知识，并重新组织已有的知识结构，从而不断提升自身解决问题的能力。

（五）机器感知

机器感知就是使机器具有类似于人的感知能力，包括视觉、听觉、触觉、嗅觉等。其中，机器视觉和机器听觉是当前社会应用最广的机器感知能力。机器视觉是指机器能够识别并理解图片、场景、人物身份等；机器听觉是指机器能够识别并理解语言、声音等。

机器感知是机器获取外部信息的重要途径，是机器智能化不可缺少的组成部分。正如人的智能离不开感知一样，要使机器具有感知能力，就需要为它配置能“听”会“说”的感觉器官。对此，人工智能中已经形成了两个专门的研究领域，即模式识别和自然语言处理，而且从这两个领域的进展来看，它们已经发展成相对独立的学科。

（六）机器思维

机器思维是指对通过感知得来的外部信息，以及机器内部的各种工作信息进行有目的的处理。正如人的智能是来自大脑的思维活动一样，人工智能也主要是通过机器思维实现的。因此，机器思维是人工智能研究中的关键部分，它使机器具有类似于人的思维活动，使机器不仅能够像人一样进行逻辑思维，还可以进行形象思维。

（七）机器行为

机器行为主要是指计算机的表达能力，即对话、描写等。对于智能机器人来说，它还应具备行动能力，即移动、行走、取物等。机器行为与机器思维密切相关，机器思维是机器行为的基础，机器行为是机器思维的表现。

二、人工智能的应用领域

随着人工智能理论研究的发展，人工智能的应用领域越来越宽广，应用效果也越来越显著。总的来说，人工智能的应用主要集中在自动定理证明、问题求解与博弈、专家系统、模式识别、机器视觉、自然语言处理、人工神经网络、分布式人工智能、多智能体系统等多个领域。

（一）自动定理证明

自动定理证明又称机器定理证明，既是数学和计算机科学的结合，也是人工智能最先进行研究并得到成功应用的一个领域。

自动定理证明的理论价值和应用范围并不局限于数学领域，许多非数学领域的问题，如医疗诊断、信息检索、机器人规划和难题求解等，都可以转化成相应的定理证明问题，或者与定理证明有关的问题。可以说，自动定理证明的研究具有普遍意义。

（二）问题求解与博弈

人工智能的第一个较大的成就是发展了能够求解难题的下棋（如国际象棋）程序。下棋程序是计算机博弈问题研究的产物，其中主要应用了问题的表示、分解、搜索和归纳等人工智能的基本技术。

博弈问题的研究为搜索策略、机器学习等问题的研究提供了良好的发展契机，相关学者所提出的一些概念和方法对人工智能的相关问题解决也很有用，经典的问题有旅行商问题、背包问题等。到目前为止，对于要解决的问题，人工智能程序已经具备搜索解答空间，寻找较优解决方案的能力。

（三）专家系统

专家系统是一个基于专门领域的知识，求解特定问题的智能计算机程序系统。它使用人工智能技术，根据某个领域一个或多个人类专家提供的知识和经验进行推理和判断，模拟人类专家的决策过程，以解决那些需要专家解决的复杂问题。目前在许多领域，专家系统已取得了显著的效果。

（四）模式识别

模式通常具有实体的形式，如图片、文字、符号、物体和景象等，可以用物理、化学及生物传感器进行具体的采集和测量。

模式识别是指用计算机代替人类或帮助人类进行感知，是对人类感知外界功能的模拟。计算机模式识别系统是实现模式识别的载体，可将其理解为具有模拟人类通过感官接收外界信息，识别和理解周围环境等感知能力的计算机系统。

近年来，模式识别呈现出多样性和多元化的趋势，其中生物特征识别成为模式识别的新高潮，生物特征识别包括语音识别、文字识别、人脸识别、手语识别和指纹识别等。总的来说，模式识别是一个不断发展的新领域，它的理论基础和研究范围也在不断深化和扩展。

（五）机器视觉

机器视觉就是用机器代替人眼进行测量和判断，是人工智能的一个分支。机器视觉系统通过图像摄取装置将被摄取目标转换成图像信号，传送给专用的图像处理系统，得到被摄目标的形态信息，再结合像素分布和亮度、颜色等信息，将其转变成数字化信号。图像系统通过对这些信号进行各种运算来归纳目标的特征，进而根据判别的结果来控制现场设备的动作。

机器视觉的前沿研究领域包括实时并行处理、主动式定性视觉、动态和时变视觉、三维景物的建模与识别、实时图像压缩传输和复原、多光谱和彩色图像的处理与解释等。机器视觉已在机器人装配、卫星图像处理、工业过程监控、飞行器跟踪和制导，以及电视实况转播等领域获得极为广泛的应用。

（六）自然语言处理

自然语言处理是研究实现人类与计算机系统之间用自然语言进行有效通信的各种理论和方法。计算机系统理解自然语言的问题，一直是人工智能研究领域的重要研究课题之一。实现人机间自然语言通信意味着计算机系统既能理解自然语言文本的意义，又能生成自然语言文本来表达特定的意图和思想等。

（七）人工神经网络

人工神经网络从信息处理角度对人脑神经元网络进行抽象，建立某种简单模型，按不同的连接方式组成不同的网络。神经网络是一种运算模型，由大量的节点相互连接构成。每个节点代表一种特定的输出函数，称为激励函数。每两个节点间的连接都代表一个通过该连接信号的加权值，称为权重。网络自身通常是对自然界某种算法或者函数的逼近，也可能是对一种逻辑策略的表达。

最近十多年，人工神经网络的研究工作不断深入，已经取得了很大的进展，其在模式识别、自动控制、预测估计等方面已成功地解决了许多现代计算机难以解决的实际问题，表现出良好的智能特性。

（八）分布式人工智能

分布式人工智能是分布式计算与人工智能相结合的结果。它主要研究在逻辑上或物理上分散的智能动作者如何协调其智能行为，求解单目标和多目标问题，为设计和建立大型、复杂的智能系统或计算机支持协同系统提供有效途径。

（九）多智能体系统

分布式问题求解的方法是先把问题分解成任务，再为之设计相应的任务执行系统。而多智能体系统（Multi-Agent System，简称 MAS）是由多个代理（Agent）组成的集合，通过 Agent 的交互来实现系统的表现。MAS 主要研究多个 Agent 为了联合采取行动或求解问题，如何协调各自的知识、目标、策略和规划。在实际操作过程中，MAS 通过各 Agent 间的通信、合作、互解、协调、调度、管理及控制来表达系统的结构、功能及行为特性。由于在同一个 MAS 中各 Agent 可以异构，因此多智能体技术对于复杂系统具有良好的表达能力。它为各种实际系统提供统一的模型，能够体现人类的社会智能，具有更强的灵活性和适应性，因而备受重视。

MAS 为研究大规模分布式开放系统提供了可能性。首先，在 MAS 中，每个 Agent 至少在某种程度上可以自由行动，由它们自己决定采取什么行动以实现其设计目标。其次，每个 Agent 可以与其他 Agent 进行交互，这种交互不是简单地交换数据，而是参与某种社会行为，就像人们在生活中彼此之间进行协商、协作一样。

第二章　人工智能的关键技术

第一节　机器学习

一、机器学习的概念

机器学习是一门涉及概率论、统计学、算法复杂性理论等多门学科的交叉学科。该学科专门研究计算机怎样模拟人类的学习行为，以获取新的知识或技能，重新组织自身已有的知识结构，不断改善自身的性能。

从技术和算法的角度讲，机器学习是人工智能领域的核心问题和底层支撑。机器学习的概念是由亚瑟·塞缪尔（Arthur Samuel）于 1959 年提出的，该名词是从对于模式识别和计算学习理论的研究中总结出来的。经过半个多世纪的发展，机器学习被诸多研究者反复、深入研究，为人工智能领域的发展注入了蓬勃的动力。

然而，一千个读者就有一千个哈姆雷特，不同的研究者对机器学习的概念有不同的理解。塞缪尔·皮尔庞特·兰利（Samuel Pierpont Langley）曾这样描述机器学习："机器学习是一门人工智能的科学，该领域的主要研究对象是人工智能，特别是如何在经验学习中改善具体算法的性能。"汤姆·米切尔（Tom Mitchell）在《机器学习》中对信息论中的一些概念有详细的解释，其中对机器学习下的定义为："机器学习是对能通过经验自动改进的计算机算法的研究。"埃塞姆·阿培丁（Ethem Alpaydin）在 2004 年提出了他对机器学习的理解："机器学习是用数据或以往的经验，以此优化计算机程序的性能标准。"通俗地概括，机器学习就是研究如何使用机器来模拟人类学习活动的一门学科，尤其是从经验中进行学习。在计算机系统中，经验通常以数据的形式存在。

我们把这个抽象的概念与熟知的世界结合起来，可以更好地理解机器学习的过程。在源远流长的中华文化中，人们从经验中学习的例子比比皆是。以四大发明中的火药为例，在初期的制作过程中，材料、配比、工作流程的不准确，导致火药的效用极其有限。聪明的古人正是通过一次次的实验结果，不断改进整个制作过程，最终生产出有效的火药。与此类似，机器学习就是利用计算设备的某种算法，从经验中不断学习的过程。

机器学习和人工智能是两个联系非常紧密的概念。这两个概念经常会同时出现，甚至在某些语境下会成为一种对等的概念。然而，严谨地说，它们还是存在差别的。在这个问题上，很多人发表过不同的见解，尼迪·查普尔（Nidhi Chappell）曾说："人工智能的根本在于智能——如何为机器赋予智能。而机器学习则是部署支持人工智能的计算方法。我的想法是，人工智能是科学，机器学习是让机器变得更加智能的算法。也就是说，机器学习成就了人工智能。"

在人工智能研究和产业发展如火如荼的今天，机器学习作为其中所有应用领域的底层技术支撑，提供了源源不断的发展动力。举例来说，2016 年，谷歌公司的"阿尔法狗"（AlphaGo）成为第一个打败人类顶级专业围棋手的计算机程序，其所用到的关键技术，如强化学习算法、深度神经网络、蒙特卡洛树搜索算法等就是机器学习方法中的一类重要成果。除此之外，近期被广泛研究的自动驾驶、人脸识别、语音识别、文本分类等技术都采用了目前非常流行的深度学习方法。

二、机器学习的原理

机器学习是搭建一定的网络模型或代数模型，通过对实测数据的分析，优化网络结构，依据梯度算法等获取模型参数，从而实现对实测数据的特征提取、分类、预测和决策等目的的过程。其本质是通过大量的训练，模拟出输入与输出之间可能存在的条件概率分布或函数关系，从而得到逼近真实函数的联合概率分布。

三、机器学习的分类

同样的一群人，按照性别、身高、籍贯等不同标准进行划分，会得到不同的结果。同样，对于机器学习这一概念，由于其内涵丰富且涉及内容广泛，其分类方法也非常多样。在这里，按照机器学习中的学习方式的不同，可做如下划分，如图 2-1。

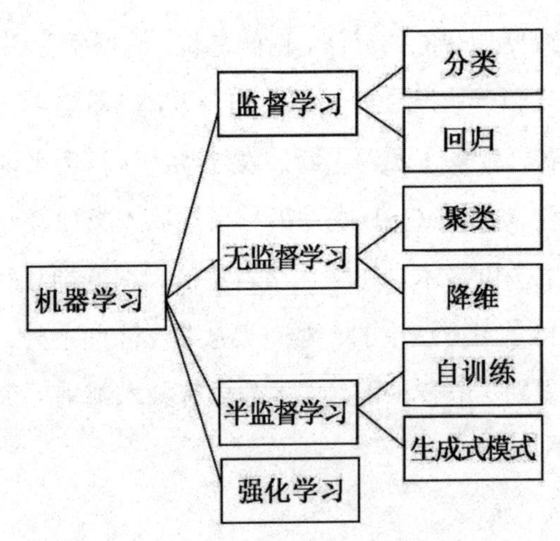

图 2-1　按学习方式的不同划分机器学习

根据输入数据的形式，一般就可以确定选择哪种学习方式。其中，监督学习中的分类算法是机器学习中最常见的算法。在分类算法中，输入数据通常被分为两个或更多的类别，计算机必须产生一个模型，可以将输入的数据分为两个或更多的类别。分类算法通常是通过监督的方式处理的，垃圾邮件过滤就是运用分类算法的一个例子，其中输入的数据是电子邮件，而“类别”是垃圾邮件和非垃圾邮件。

四、机器学习的发展

机器学习在不断为人工智能提供动力的同时，其自身也在快速发展。深度学习方法作为机器学习近十年来取得较大进步的学习方法，在很大程度上代表了机器学习方法的研究前沿和发展方向。当前，深度学习方法仍然面临着巨大的挑战。具体地说，深度学习方法主要是由纯数据驱动的，需要大量的训练数据。然而，即便是身处信息化时代，我们依然会遇到数据带来的种种问题。例如，很多传统领域很难获取大量的数据；很多数据具有时效性，过去收集的大量数据随着时间的推移变得低效；很多基本逻辑可以用简单的规则或知识进行表示，但是却很难通过数据直接学习；等等。为了解决上述问题，目前深度学习的研究包括但不限于以下几个方面。

①外部的知识或者规则的引入。

②与传统机器学习方法的结合，包括基于规则的方法与深度学习、深度强化学习、贝叶斯网络等方法的结合。

③更有效地利用神经科学的机制和研究成果，扩展原有的深度学习算法。例如，近年来受到神经科学启发的“记忆”和“注意力”机制，就被广泛地运用在如机器翻译、对话生成、问答系统等任务中。

④预测学习或无监督学习。其主要目标是让机器从可获得的任意信息中预

测感知对象的过去、现在或将来。

⑤对抗或合作学习。利用多个智能体之间的互相博弈或者合作，达到对某些特定任务进一步改进的目的。

当然，除了深度学习，机器学习中的其他算法也在不断进步，各类算法正在朝着更加智能、更加通用、更加类人的方向发展。

五、机器学习的应用

在机器学习中，处理的数据主要包括结构化数据和非结构化数据。结构化数据是指用二维表结构表达的数据，有严格定义的数据模型，主要通过关系型数据库存储和管理。非结构化数据是指数据结构不完整或不规则，没有预定义的数据模型，如文本、语音、图像和视频等。在人们的日常生活中，接触的数据以非结构化数据为主。针对不同的非结构化数据，机器学习的不同应用场景如表 2-1 所示。

表 2-1　不同非结构化数据机器学习的不同应用场景

数据类型	应用场景	描述	举例
文本数据	垃圾邮件检测	识别电子邮箱中的垃圾邮件和非垃圾邮件	网易邮箱可以自动检测垃圾邮件
	信用卡欺诈检测	根据用户的信用卡交易记录，识别用户操作的交易和非用户操作的交易	银行对用户采取的交易检测机制
	电子商务决策	根据用户的购物清单或收藏记录，识别用户感兴趣的商品，并为用户推荐这些商品，促进消费	淘宝根据用户的浏览记录推荐类似的商品
语音数据	语音识别	机器通过识别和理解将语音转化为相应的文本	百度地图可以通过用户语音在搜索框中自动输入目的地

续表

数据类型	应用场景	描述	举例
语音数据	语音合成	通过机械或电子的方法产生人造语音，即将外部输入的文字转化为语音输出	知乎中的文章阅读功能
	语音交互	通过语音进行相互交流	语音助手，如苹果智能语音助手
	机器翻译	利用机器将某一种自然语言（源语言）翻译为另一种自然语言（目标语言），例如将汉语翻译为英语	有道词典等翻译软件
	声纹识别	将声音信号转换为电信号，再利用计算机进行识别	声纹鉴定系统
图像数据	文字识别	利用计算机自动识别图像上的字符	银行 App 通过拍摄身份证图像识别个人身份信息
	指纹识别	通过比对指纹的细节特征识别个人的身份信息	手机的指纹解锁功能
	人脸识别	通过人的脸部特征信息进行身份识别	人脸支付
	形状识别	根据已知的形状资料库判断用户手绘的图形形状	地图制图综合
视频数据	智能监控	跟踪视频中的运动物体	家用智能监控仪器
	计算机视觉	利用摄像头和计算机模仿人类的视觉系统，实现对目标的识别、跟踪等	汽车的自动驾驶技术

第二节 计算机视觉

计算机视觉是人工智能领域备受关注的研究方向，其通过计算机和相关成像设备对人类的视觉系统进行模拟，并用计算机代替人脑来完成对视觉信息的处理等工作。能否有效感知和理解视觉信息将是人工智能能否取得实质性进展的关键因素。

一、计算机视觉的概念

人类的视觉系统是功能非常强大和完善的视觉系统，受人类视觉系统的启发，计算机视觉是使用计算机和相关成像设备对人类的视觉系统进行模拟，即用摄像头等图像采集设备模拟人的眼睛获取外界的视觉信息，用计算机代替人脑来完成视觉信息的处理。

计算机视觉致力于使计算机能够以与人类视觉相同的观测方式对目标进行测量、识别和跟踪，从而代替人眼进行初步观测，同时还可以对识别出的目标进行进一步的操作，使处理后的图像更适用于人眼观测或是机器检测。

计算机视觉是一门跨领域学科，我们可以将其看成一门工程学科、一门科学学科或对生物视觉学科进行补充的学科。

作为一门工程学科，计算机视觉寻求基于相关理论与模型来创建计算机视觉系统。它从单个或系列图像中自动提取并分析信息，通过算法去理解其中的有用信息。它利用开发理论和算法基础实现自动视觉理解，组成部分包括过程控制、事件监测、信息组织、物体与环境建模和交感互动。

作为一门科学学科，计算机视觉更关注计算机视觉系统背后的理论内容。图像数据的构成方式可以是多种形式的，例如视频序列、来自多个摄像机的图片或医学仪器扫描出的多维数据。作为生物视觉学科的补充，在生物视觉领域中，计算机视觉创建了模拟人类和各种动物感知信息过程中使用的物理模型。

二、计算机视觉的原理

计算机视觉就是用各种成像设备代替视觉器官作为输入手段，由计算机来代替大脑完成处理工作。计算机视觉的最终目标就是使计算机能像人那样通过视觉观察和理解世界，具有自主适应环境的能力。

目前，计算机视觉应用最为成熟的就是人脸识别。下面主要介绍人脸识别的过程。

第一步：人脸检测。可以检测到人脸并进行人脸图像的捕捉，之后通过过滤器进行信息过滤。可以使用 OpenCV 跨平台计算机视觉库自带的库函数进行检测，包含的算法有 AdaBoost、Haar 特征和 LBP 算法等。

第二步：人脸对齐。在人脸区域进行特征点的定位，并将人脸框的大小与人脸大小进行同一化，之后切割分析人脸面部区域。当人脸表情、头部姿势有变化时，仍能精确定位人脸的主要位置。

第三步：人脸建模。对局部纹理和特征进行建模分析。

第四步：人脸识别。将采集到的人脸图片与图像库中的人脸特征进行对比。

第五步：相似性度量。对两者进行相似度的对比，对比结果相似度越高，两个人是同一个人的概率也就越大。

三、计算机视觉的分类

根据解决的问题，计算机视觉可分为计算成像学、图像理解、三维视觉、动态视觉和视频编解码五大类。

（一）计算成像学

计算成像学是探索人眼结构，以及相机成像原理及其延伸应用的科学。在相机成像原理方面，计算成像学不断促进现有可见光相机的完善，使得现代相机更加轻便，可以适用于不同场景。同时，计算成像学也推动着新型相机的产生，使相机超出可见光的限制。在应用科学方面，计算成像学可以提升相机的性能，从而通过后续的算法处理使得在受限条件下拍摄的图像更加完美，如图像去噪、去模糊、暗光增强、去雾霾等，以及实现新的功能，如全景图、软件虚化、超分辨率等。

（二）图像理解

图像理解是利用计算机系统解释图像的方法，通常根据理解信息的抽象程度分为三个层次：浅层理解，包括图像边缘、图像特征点、纹理元素等；中层理解，包括物体边界、区域与平面等；高层理解，根据需要抽取的高层语义信息，可大致分为识别、检测、分割、姿态估计、图像文字说明等。目前，高层图像理解算法已逐渐广泛应用于人工智能系统，如刷脸支付、智慧安防、图像搜索等。

（三）三维视觉

三维视觉是研究如何通过视觉获取物体的三维信息，以及如何理解所获取的三维信息的科学。三维信息理解即使用三维信息辅助图像理解或者直接理解三维信息。三维信息理解可分为浅层（角点、边缘、法向量等）、中层（平面、立方体等）和高层（物体检测、识别、分割等）三个层次。三维视觉技术可以广泛应用于机器人、无人驾驶、智慧工厂、虚拟现实等领域。

（四）动态视觉

动态视觉是分析视频或图像序列，模拟人处理时序图像的科学。通常动态视觉问题可以定义为寻找图像元素，如像素、区域、物体在时序上的对应，以及提取其语义信息的问题。动态视觉研究被广泛应用在视频分析以及人机交互等方面。

（五）视频编解码

视频编解码是指通过特定的压缩技术，将视频流进行压缩。视频压缩编码主要分为两大类：无损压缩和有损压缩。无损压缩指对压缩后的数据进行重构时，重构后的数据与原来的数据完全相同，例如磁盘文件的压缩。有损压缩也称为不可逆编码，指对压缩后的数据进行重构时，重构后的数据与原来的数据有差异，但不会使人们对原始资料所表达的信息产生误解。有损压缩的应用范围较广泛，例如视频会议、可视电话、视频广播、视频监控等。

四、计算机视觉的实现

（一）图像处理

图像处理是对图像进行处理，提高图像特征的可见性的过程，目的是便于后续分析。图像处理的常用方法包括图像预处理、图像分割和特征提取。图像预处理的原理是通过增加对比度、去除模糊和噪声、校正失真等方法，提高图像质量。例如，在实物的外部检测过程中，如果实物表面光照不均匀，往往就会得到低对比度的图像。提高图像对比度的常用方法有基本点运算和直方图均衡这两种。基本点运算是通过将亮度级别拉伸为输入级别和输出级别之间的映射来提高图像对比度的技术；直方图均衡是一种通过展平直方图来突出图像亮度的非线性技术。此外，还可以采用其他的亮度校正或变换方法来校正实体表面的不均匀对比度，特别是检测目标的中心和边缘。对于在线监测系统，由于系统抖动等一些不可控因素，采集到的图像不可避免地会出现模糊和噪声。可以使用一些低通滤波器，如平均滤波器、高斯滤波器和中值滤波器，用于去除图像的模糊和噪声。针对检测到的目标图像畸形的问题，可以用一些几何变换技术进行校正，如旋转、镜像、转置和缩放等。

图像分割是一个重要且具有挑战性的步骤，通过此步骤可以将图像中具有不同特性的区域和感兴趣的部分提取出来。后续的图像处理和分析高度依赖图像分割的准确性。基于阈值的分割、基于边缘的分割、基于区域的分割和基于分类的分割是四种主要的分割方法。

特征提取是连接图像处理和图像分析的关键步骤，该技术将图像数据或分割区域转换为一组特征向量。图像分割成功后，可以根据从分割区域提取的相关特征来测量和描述图像的外部质量。

（二）图像分析

图像分析是将图像处理和数学模型相结合，来分析图像的上层结构和底层特征，从而提取有用信息的技术。

图像分析对从图像中提取的特征进行操作并产生解释。图像分析使用直观的解释来显示图像，并以数学方式操作图像以帮助人们解决计算机视觉问题。图像分析的结果可以让人们了解可能包含的对象，并允许人们对这些对象进行测量或验证它们的存在。

视觉测量是图像分析中的一种定量分析方法，是指人们根据从图像中提取的特征，定量测量感兴趣的参数的过程。使用计算机视觉系统可以进行不同类型的测量，包括颜色、尺寸和纹理等。对于颜色和纹理，可以直接通过检查图像中的像素获得。但是对于尺寸，则需要和实际单位中指定的值进行比较而获得。因此，需要通过校准和验证将测量从数字图像坐标系转换为真实世界坐标系。

模式分类，或称模式识别，是图像分析中定性分析的一种方法。它利用统计、概率、多元分析、计算几何和算法设计技术，根据测量特征进行推理。

五、计算机视觉的应用

计算机视觉作为人工智能的重要技术之一，拥有极高的应用价值，在农业、医疗、汽车、生物、体育、影视等领域有着广泛的应用。下面简要介绍计算机视觉技术在农业、医疗保健和汽车驾驶领域的应用。

（一）农业

目前，一些农场开始利用计算机视觉技术改善经营状况。农户利用基于计算机视觉技术的无人机与智能系统相连，该系统由传感器、处理器、存储设备、网络、人工智能分析软件和其他用户界面组成，用于测量和监控作物产量。无人机拍摄到的农田图像显示了健康作物与“受压”作物的不同特征。“受压”作物的压力源包括虫害、营养不足、脱水等。智能系统会对数据进行分析，帮助农户制定相关解决方案。

（二）医疗保健

在医疗保健领域，计算机视觉技术被用于减少或消除不准确的诊断和治疗措施，帮助医务人员准确地进行可能治愈的疾病的分类或疾病趋势的预测等。例如，美国的高斯外科公司已经开发了血液监测解决方案，使用应用程序在外科海绵和吸盘上捕捉血液图像，再使用基于云的计算机视觉技术和机器学习算法进行处理，以估计患者的实时失血量，为医务人员提供重要的辅助信息。

（三）汽车驾驶

根据世界卫生组织发布的《2018 全球道路安全现状报告》，每年约有 135 万人死于交通事故。如果不采取行动遏制交通事故的发生，预计到 2030 年，交通事故将成为人类第七大死因。当驾驶员看到有人突然进入汽车的前进路径时，必须立即作出反应，在这一瞬间，人类视觉和大脑完成了一项复杂的任务，即识别物体、处理数据和决定做什么。计算机视觉的目的是使计算机能够以相同的效率执行与人类相同的任务。计算机可以将采集到的 2D 图像创建为 3D 图像，并向汽车和驾驶员传递重要数据。同时，汽车配备的计算机视觉系统能够快速识别并区分道路周围的物体，例如行人、动物、自行车、红绿灯等，并下达相应的行动指令。

第三节　知识图谱

知识图谱对应的是人工智能发展中的“符号主义”。符号主义认为人类认知和思维的基本单元是符号，而认知过程就是在符号表示上的一种运算。它认为人是一个物理符号系统，计算机也是一个物理符号系统。因此，我们能够用计算机来模拟人的智能，即用计算机的符号操作来模拟人的认知过程。

一、知识图谱的概念

知识图谱是结构化的语义知识库，它可以通过符号的形式描述物理世界中的概念及其相互关系。知识图谱通常通过三元组的形式（如“实体—关系—另一实体”或“实体—属性—属性值”），从人类对世界认知的角度阐述世间万物之间的关系。例如，“姚明出生于中国上海”可用三元组表示为“姚明—出生地—上海”。知识图谱将非线性世界中的知识信息结构化，以便机器计算、存储和查询，起到赋予机器掌握人类知识的能力，这是人工智能技术走向认知智能的必要基础。

知识图谱以一个主语为中心，随着时间的推移和知识的不断累积，该中心会具有许许多多的关系，最终形成一个庞大的知识图谱。知识图谱不仅给互联网语义搜索带来了活力，同时也在智能问答、智能决策等领域中显示出强大的生命力。

二、知识图谱的发展

符号主义关注的核心是知识的表示和推理。1970 年，随着专家系统的出现和商业化发展，知识库构建和知识表示愈发得到重视。专家系统的基本设想是，专家是基于大脑中的知识来进行决策的，因此人工智能的核心应该是用计算机符号来表示这些知识，并通过推理机模仿人脑对知识进行处理。根据专家系统的观点，计算机系统应该由知识库和推理机两部分组成，而不是由函数等过程性代码组成。早期的专家系统最常用的知识表示方法包括框架语言和产生式规则等。框架语言主要用于描述客观世界的类别、个体、属性及关系等，较多地被应用于辅助自然语言理解，适合描述过程性知识。产生式规则由左部的模式和右部的动作两部分组成，左部的模式规定该规则可应用的条件，右部描述应用该规则时要采取的行动、得到的结论或状态。

与传统专家系统时代主要依靠专家手工获取知识不同，现代知识图谱的显著特点是规模化。传统的知识库，如道格拉斯·莱纳特（Douglas Lenat）从1984年开始创建的常识知识库Cyc，仅包含700万条的事实描述。著名人工智能专家马文·李·明斯（Marvin Lee Minsky）构建的ConceptNet常识知识库使用了专家创建、联网众包和游戏三种方法，早期的ConceptNet规模只有百万级，最新的ConceptNet 5.0也仅包含2 800万个三元组关系描述，而阿里巴巴于2017年8月发布的仅包含核心商品数据的知识图谱已经达到百亿级别。

现代知识图谱对知识规模的要求源于知识的完备性。约翰·冯·诺依曼（John von Neumann）曾估计单个个体大脑的全量知识需要2.4×1 020个比特的存储空间。客观世界拥有不计其数的实体和概念，这些实体和概念之间又具有复杂的关系，导致大多数知识图谱都面临着知识不完备的困境。在实际的应用场景中，知识不完备也是困扰大多数语义搜索、智能问答、智能决策分析系统的首要难题。

三、知识图谱的逻辑层次与知识本体

知识图谱从逻辑上可以分为数据层和概念层，数据层指以三元组为表现形式的客观事实集合，而概念层是它的“上层建筑”，是经过沉淀和积累的知识集合。在实践中，数据层体现为实体数据库，而概念层体现为知识本体库。

知识本体是对概念体系明确的、形式化的、可共享的规范，可以看作结构化知识库的概念模板。通过本体而形成的实体数据库层次清晰、结构合理。

四、通用知识图谱与领域知识图谱

知识图谱可以简单地分为通用知识图谱和领域知识图谱两类。

（一）通用知识图谱

2012年，由谷歌公司所提出的知识图谱即为通用知识图谱。通用知识图谱主要应用于面向互联网的搜索、推荐、问答等业务场景。通用知识图谱以常识性知识为主，其形态通常为结构化的百科知识，使用者一般是普通用户，强调的是知识的广度。

（二）领域知识图谱

领域知识图谱是面向特定领域的知识图谱，它的目标用户为不同行业中不同类别的人员，由于这些人员对应的操作和业务场景不同，因而知识图谱需要一定的深度与完备性。领域知识图谱对准确度的要求非常高，通常用于辅助各种复杂的分析应用或决策支持，有严格与丰富的数据模式。领域知识图谱中的实体通常属性比较多且具有行业意义。目前，领域知识图谱已经在金融、医疗等领域有了很好的应用。

需要说明的是，通用知识图谱与领域知识图谱并不是相互对立的关系，而是相互补充的关系，利用通用知识图谱的广度结合领域知识图谱的深度，可以形成更加完善的知识图谱。通用知识图谱中的知识可以作为领域知识图谱构建的基础，而构建的领域知识图谱也可以融入通用知识图谱中。两者是相辅相成的，可以结合使用。

五、知识图谱的构建

总体而言，知识图谱的搭建从数据源开始，经历了知识抽取、知识融合、知识加工等步骤。原始的数据通过知识抽取或数据整合的方式转换为三元组形式，然后三元组数据再经过实体对齐，加入数据模型，形成标准的知识表示，产生新的关系组合，通过知识推理形成新的知识形态，与原有知识共同经过质量评估，完成知识融合，最终形成完整的知识图谱。

（一）数据源

知识图谱数据可以从多种来源获取，每一种数据源的知识化都需要综合各种不同的技术手段。例如，对于文本数据源，需要综合实体识别、实体链接、关系抽取、事件抽取等各种自然语言处理技术，达到从文本中抽取知识的目的。

结构化数据库，如各种关系数据库，是常用的数据来源之一。已有的结构化数据通常不能直接作为知识图谱使用，而需要将结构化数据定义到本体模型之间的语义映射，再通过编写语义翻译工具，实现从结构化数据到知识图谱的转化。此外，还需要综合采用实体消歧、数据整合、知识链接等技术，提升数据的规范化水平，增强数据之间的关联性。语义技术也被用来对传感器产生的数据进行语义化，包括对物联设备进行抽象、定义符合语义标准的数据接口、对传感数据进行语义封装，以及对传感数据增加上下文语义识别描述等。

人工众包也是获取大规模知识图谱的重要手段。例如，Wikidata 和 Schema.org 都是比较典型的知识众包技术。此外，还可以开发针对文本、图像等多种媒体数据的语义标注工具，进行知识获取。

（二）知识抽取

知识抽取即从各类数据源中提取实体、属性以及实体间的相互关系，在此基础上形成本体化的知识表达。知识抽取可分为以下四种类型。

1.实体抽取

实体抽取指在信息源中识别出特定的元素标签，并与实体库中的标签相链接，是信息抽取中最基础的部分。实体抽取的方法有三种：基于规则与词典的方法、基于统计机器学习的方法，以及面向开放域的抽取方法。

2.关系抽取

关系抽取意在找到信息源中实体间的关系，可分为全局抽取和局部抽取。全局抽取是通过语料库对信息源中的所有关系进行抽取，而局部抽取则是判断一句话中实体的关系类型。与全局抽取相比，局部抽取更节省人工标注成本，但准确率略低。

3.属性抽取

属性抽取指对信息源中实体的特征和性质进行抽取。由于实体的属性可以被视为实体与属性值之间的一种名词性关系，因此也可将属性抽取问题视为关系抽取问题。

4.事件抽取

事件抽取是抽取信息源中指定的事件信息，并结构化地表现出来，包括事件的时间、地点、人物、原因、结果等。事件抽取是知识图谱中知识更新的重要手段。

按照不同的获取方式，知识抽取可以有狭义和广义两种形式。狭义的知识抽取指人们通过系统设计、程序编制和人机交互等方式，人工把知识移植给系统。例如，知识工程师利用知识表示技术，建立知识库，使专家系统获取知识。广义的知识抽取则是指除以上知识获取方式之外，机器还可以自动或半自动地获取知识。例如，通过机器学习进行知识积累，或者通过机器感知直接从外部环境获取知识，对知识库进行增删、修改、扩充和更新。

（三）知识融合

知识融合指从概念层和数据层两方面，通过知识库的对齐、关联、合并等方式，将多个知识图谱或信息源中的本体与实体进行链接，形成一个更加统一、周密的新型知识图谱，是实现知识共享的重要方法。概念层的知识融合主要表现为本体对齐，是确定概念、关系、属性等本体之间映射关系的过程。数据层的知识融合主要表现为共指消解和实体对齐，前者意在将同一信息源中的同一实体的不同标签统一，达到消歧的目的；后者则是将不同信息源中的同一实体进行统一。知识融合既是快速搭建知识图谱的必要手段，也是现代知识图谱应用中重要的研究领域。

（四）知识加工

经过知识抽取和知识融合，实体和本体从信息源中被识别、抽取、统一，最后得到的知识库正是对客观事实的基本表述。但知识库还不是知识图谱需要的知识体系，要想获得结构化的知识网络，还需要经过本体构建、知识推理和质量评估等知识加工过程。

1.本体构建

本体构建是知识图谱内实体连通的语义基础，以点、线、面组成的网状结构为表现形式，“点”代表不同实体，“线”代表实体间的关系，“面”则是知识网络。本体既可以通过手动编程来构建，也可以由机器学习驱动进行自动构建。本体库的深度和广度往往决定了知识图谱的应用价值。

2.知识推理

知识推理是通过对已有实体间关系的计算，找到新关联，从而丰富新知识的过程，包括公理性推理和判断性推理。知识推理是知识补全、知识校验和知识更新的重要手段。知识推理的主要方法包括基于规则的推理、基于分布式表示学习的推理、基于神经网络的推理与混合推理等。

3.质量评估

质量评估是知识加工最后的“质检”环节，能确保经本体构建和知识推理后得到的知识是合理的，且符合知识图谱的应用目的。由于知识图谱的构建类型和具体用途不同，质量评估的标准也有所不同。

六、知识图谱的应用

知识图谱的核心价值在于对多源异构数据和多维复杂关系的处理与可视化展示，其底层逻辑是将人类社会生活与生产活动中难以用数学模型直接表示的关联属性，利用语义网络和专业领域知识进行组织和存储，形成一张以关系为纽带的数据网络。通过对关系的挖掘与分析，知识图谱能够找到隐藏在行为之下的利益链条，并进行直观的图例展示。知识图谱的应用主要分为原图应用与算法支撑应用两大类。

（一）原图应用

原图应用是指直接通过图谱产生价值的服务形式。图谱根据概念层和数据层的区别，可以分为通用知识图谱和特定领域知识图谱。通用知识图谱是结构化的语义知识库，用于以符号形式描述物理世界中的概念及其相互关系，其基本组成单位是“实体—关系—实体”三元组，实体间通过关系相互联结，构成网状的知识结构。通用知识图谱面向的是通用领域，强调知识的广度，通常为结构化的百科知识，如百度、搜狗等百科型搜索引擎。而领域知识图谱则更看重具体场景中的认知深度，以及与行业的结合程度，在此基础上发展起来的知识检索、隐藏关系挖掘和缺失数据补足等技术，能很好地满足特定领域知识查询的需求，例如企业业务流程查询、司法领域案例查询、警务领域嫌疑人关系查询等，是支持智能交互系统、智能决策系统的底层技术。

（二）算法支撑应用

算法支撑应用是指通过知识图谱对来自信息源的数据进行处理，将产出的结构化关联数据用于算法模型训练和应用，得到能解决具体场景问题的研判建议，从而找出解决办法并产生价值的服务形式。结合市场的需求特点，以知识图谱作为算法支撑的智能解决方案具有更大的市场价值，被广泛用于智能推荐、辅助判案、业绩预测、设备智能维护等领域。

第四节 自然语言处理

自然语言通常是指一种随文化自然演化而来的语言，也泛指大家日常生活中用于表达、沟通的语言。从 1949 年机器翻译设计方案的首次提出，至 2020 年智能外呼系统的自然应答，经过几十年的发展，自然语言处理在技术和应用上都发生巨大的变化。

一、自然语言处理的概念

自然语言处理是指计算机对人类语言所作的分析，如对语段进行自动分析，以判断其所用的语法结构，或对口头输入进行处理。简单来说，就是采用计算机技术来研究和处理自然语言。自然语言处理已有长达半个多世纪的发展历程。与应用语言学的其他分支相比，自然语言处理只能算是后起之秀。虽然自然语言处理的发展历史不长，但是，它在过去的几十年中，尤其是近二十年中所取得的丰硕成果是语言学家有目共睹的。有专家认为，几十年来，自然语言处理领域产生了大量研究成果，有词汇学、语法学、语义学方面的，有句法分析算法方面的，还有自然语言应用系统方面的。我国著名学者冯志伟教授也曾在《应用语言学综论》一书中肯定了自然语言处理对应用语言学理论发展的突出贡献，认为它与语言教学和语言规划共同组成了应用语言学的三大领域。

二、自然语言处理的兴起

自然语言处理是人工智能的一个分支。自然语言处理的早期尝试使用的是词袋技术和模板匹配技术，其实践应用是机器翻译和人机对话。由于初期的自然语言处理算法不成熟，机器翻译和人机对话系统的总体表现也不成熟，无法依据输入元素给出正确的输出结果。随着技术的进一步发展，由于数据库和专家系统都具有较为复杂的查询和使用逻辑，为减少人机交互时的差距，人们会利用自然语言处理技术为数据库和专家系统等提供自然语言接口，这也是早期自然语言处理技术发展的动力之一。

随着深度学习的出现，自然语言处理也成为一种应用赋能型技术，它的实体知识库的构建、知识抽取、自动写作和自动翻译，已经全面渗透到人工智能应用的各个角落。目前，自然语言处理正从浅层向深层转换，它在情感处理和常识计算方面的关键性将日益凸显。

三、自然语言处理的发展

自然语言处理系统的研究首先是从机器翻译系统的研究开始的。机器翻译研究的发展大致可以分为以下三个时期。

（一）初创期

最早提出利用计算机进行自动翻译想法的是英国工程师胡伯特•布斯（Hubert Booth）。1952 年，在洛克菲勒基金会的大力支持下，一些英美学者在美国麻省理工学院召开了第一次机器翻译会议。两年之后，《机械翻译》（*Mechanical Translation*）杂志开始公开发行。同年，美国乔治敦大学在国际商用机器公司的协助下，成功地进行了世界上第一次机器翻译试验。尽管这次试验用的机器词汇仅仅包含了 250 个俄语单词，机器语法规则也只有 6 条，但是，它第一次向公众和科学界展示了机器翻译的可行性，并且激发了美国政府在随后十年对机器翻译大力支持的决心。当然，新生事物的发展不可能是一帆风顺的。随着研究的深入，人们看到的不是机器翻译的成功，而是一个又一个它无法克服的困难。第一代机器翻译系统设计上的粗糙所带来的翻译质量低劣最终导致一些人对机器翻译研究失去了信心。有些人甚至错误地认为，机器翻译所追求的全自动质量目标是不可能实现的，机器翻译研究也就此陷入了低谷。

（二）复苏期

尽管机器翻译研究困难重重，但是，法国、日本、加拿大等国仍然坚持进行机器翻译研究。因此，在 20 世纪 70 年代初期，机器翻译研究又出现了复苏的局面。在这个时期，研究者普遍认识到，源语和译语两种语言的差异不仅表现在词汇的不同上，而且表现在句法结构的不同上，为了得到可读性强的译文，必须在自动句法分析上多下功夫。通过大量的科学实验，机器翻译的研究者逐渐认识到，机器翻译过程本身必须保持源语和译语在语义上的一致，一个好的机器翻译系统应该把源语的语义准确无误地在译语中表现出来。于是，语义分析在机器翻译研究中越来越受到重视。随后，“优选语义学”理论诞生，研究者又在此基础上设计了英法机器翻译系统。该系统的语义表示方法比较细致，能够解决仅用句法分析难以解决的歧义现象，译文质量较高，受到专家、学者的一致肯定。

（三）繁荣期

繁荣期最突出的特点是机器翻译研究走上了实用化的道路，出现了一大批实用化的机器翻译系统，机器翻译产品开始进入市场，逐渐由实用化转为商业化。第二代机器翻译系统主要采用转换方法，以句法分析为主、以语义分析为辅。比如，加拿大蒙特利尔大学研发的实用性机器翻译系统 TAUM-METEO 就采用了典型的转换方法，整个翻译过程分为五个阶段。以英—法翻译为例，整个翻译过程包括英语形态分析、英语句法分析、转换、法语句法生成和法语形态生成等阶段。这个翻译系统投入使用之后，每小时可以翻译 6 万至 30 万个词，每天可以翻译 1 500 至 2 000 篇天气预报资料，并能够通过电视、报纸立即公布。TAUM-METEO 系统是机器翻译发展史上的一个里程碑，它标志着机器翻译由复苏走向繁荣。

四、自然语言处理的技术基础

许多语言学家将自然语言处理技术分为五个基本层次：语音分析、词法分析、句法分析、语义分析和语用分析。下面将逐一对其进行介绍。

（一）语音分析

语音分析就是根据音位规则以及人类的发音习惯，从语音流中区分出一个个独立的音素，再根据音位形态规则找出一个个音节及其对应的词素或词，进而由词到句，识别出句子中的信息，并将其转化为文本进行储存。这也是语音识别的核心。

（二）词法分析

词法指词位的构成和变化的规则。词法分析是理解单词的基础，这个阶段的任务是从左到右逐个输入字符的自然语言，对其字符流进行扫描，然后根据构词规则识别单词。其主要目的是通过从句子中切分出单词，找出词汇的各个词素，从中获得单词的语言学信息，并确定单词的词义。

不同的语言在进行词法分析时有着较大差别，以汉语和英语为例，汉语具有很多特征：大字符集（常用汉字约有六七千字）、词与词之间没有明确分隔标记、多音现象严重、缺少形态变化（单复数、时态）等。这些特点给汉语词法分析带来了很多问题，如分词词表的建立、重叠词区分、歧义字段切分、专有名词识别等。与汉语相比，切分一个英文单词则容易很多，因为单词之间是以空格自然分开的，所以找出句子的一个个词汇就很方便。然而，由于英语单词有词性、时态、派生及变形等多种变化，找出各个词素是比较复杂的，需要分析其词尾或者词头，如unkindness，该单词可以是un-kind-ness或者unkind-ness，因为它包含三个词素：un、kind和ness。一般来说，词素可以为词法分析提供许多有用的语言学信息。如英语中构成词尾的词素“ed”通常是动词的过去分词等，这些信息十分有利于句法分析。而且，尽管一个词可以派生出许多其他词汇，如wash可派生出washes、washing等词，但是通常这些词的词根只有一个。所以，自然语言处理系统中的电子词典一般只放词根，并支持词素分析。

词性标注也是词法分析的一部分。词性标注的目的是为每一个词赋予一个类别，这个类别称为词性标记，如名词、动词、形容词等。一般来说，属于相同词性的词，在句法中也会承担相似的角色。

（三）句法分析

句法是指组词成句的规则。句法分析是自然语言处理中的基础性工作，它主要有两个作用：一是分析句子的句法结构（如主谓宾结构）和词汇间的依存关系（如并列、从属），确定句子中各组成成分之间的关联，并把这些关联用层次结构表达出来。二是对句法结构进行规范化。这既能满足自然语言理解任务自身的需求，还可以为语义分析、观点抽取等其他自然语言处理任务的完成奠定基础。例如，对自然语言中包含的语义进行分析时，通常以句法分析的结果作为语义分析的输入，以便从中获得更多的语义指示信息。在对一个句子分析时，分析的结果往往用树形图表示出来，这种图称为句法分析树。句法分析是通过专门设计的分析器进行的，其过程就是构造句法树的过程，即将每个输入的合法语句转换为一棵“句法分析树”。句法分析树的建立可以采用自上而下的方法，也可以采用自下而上的方法。

根据句法结构的不同表示形式，可以将句法分析的任务划分为以下三种。

①依存句法分析：主要任务是识别句子中词汇之间的相互依存关系。

②短语结构句法分析：也称成分句法分析，主要任务是识别句子中短语结构和短语之间的层次句法关系。

③深层文法句法分析：主要任务是利用深层文法，对句子进行深层的句法及语义分析，这些深层文法包括词汇化树邻接文法、词汇功能文法、组合范畴文法等。

（四）语义分析

语义指的是自然语言所包含的意义。在计算机科学领域，可以将语义理解为数据所对应的现实世界中的事物所代表的概念的含义，以及这些含义之间的关系，是数据在某个领域的解释和逻辑表示。语义分析指运用各种机器学习方法，让机器学习与理解一段文本所表示的语义内容，把分析得到的句法成分与应用领域中的目标表示相关联。语义分析主要包含词汇级语义分析、句子级语义分析和篇章级语义分析 3 种。

词汇级语义分析包括词义消歧和词语相似度分析等。在自然语言中，一个词语经常具有多种含义。比如，在“他把碗打碎了”和“他很会与人打交道”中，“打”字有着不同的内涵。语义消歧的主要任务是给定输入的内容后，根据上下文判断词语的意思。词语相似度分析则用来表示两个词语在不同的上下文中可以互相替换使用，而不改变文本的句法语义结构的可能性。该可能性越大，二者的相似度就越高，否则相似度就越低。

句子级语义分析包括深层语义分析和浅层语义分析等。利用深层语义分析，可以将自然语言转化为形式语言，从而使计算机能够与人类无障碍地沟通。而浅层语义分析则是对深层语义分析的一种简化。

篇章级语义分析包括指代消歧等，是句子级的延伸。比如“李强担心明天下雨，他便把雨伞找了出来”中人称代词的使用。

（五）语用分析

语用就是研究语言所存在的外界环境对语言使用所产生的影响，可用来描述语言的环境知识，以及语言与语言使用者在某个给定语言环境中的关系。语用分析则是对真实的自然语言进行句法分析、语义分析后，采用的更高级的语言学分析方法，其主要任务是把文本中描述的内容和现实对应起来，形成动态的表意结构。语用分析的四大基本要素分别为：发话者，即语言信息的发出者；受话者，即听话人或者信息接收者；话语内容，即发话者用语言符号表达的具体内容；语境，即语言使用的环境，也就是言语行为发生时所处的环境，主要有上下文语境、现场语境、交际语境和背景知识语境。研究者构建了很多语言环境下的计算模型来描述讲话者和他的通信目的，以及听话者和他对说话者信息的重组方式。构建这些模型的难点在于如何把自然语言处理的不同方面以及各种不确定的生理、心理、社会及文化等背景因素集中到一个完整的、连贯的模型中。

五、自然语言处理的分类

自然语言处理大体包括了自然语言理解和自然语言生成两个部分。自然语言理解是使计算机能够理解自然语言文本的意义，自然语言生成则是使计算机能以自然语言文本来表达给定的意图、思想等。二者都是自然语言处理的分支，只有相互结合才能实现人机间的自然语言通信。从表面上看，自然语言生成是自然语言理解的逆过程，但实际上二者的侧重点不同。自然语言理解实际上是使被分析文本的结构和语义逐步变得清晰的过程，而自然语言生成的研究重点则是确定哪些内容是必须生成的，并且可以满足用户的需要，而哪些内容又是冗余的。

尽管自然语言生成与自然语言理解研究的侧重点不同，但它们有诸多共同点。例如，二者都需要利用语法规则，同一种语言的生成语法规则和理解语法规则一致；二者都要解决指代、省略等语用问题。

过去相关学者对自然语言理解研究得较多，而对自然语言生成研究得较少，但这种状况目前已有所改变。下面将对自然语言理解和自然语言生成这两部分进行详细介绍。

（一）自然语言理解

自然语言理解以语言学为基础，生成一个自然语言理解程序需要表示出所涉及领域中的知识，并能进行有效的推理，还必须考虑一些重要的问题。一般情况下，自然语言理解均需要经过以下过程。

第一阶段是解析，即分析句子的句法结构。验证句子在句法上的合理构成并确定语言的结构是该阶段的主要任务。通过识别主要的语言关系，如主—谓、动—宾，解析器可以运用语言中语法、词态和部分语义知识为语义解释提供一个框架。通常用解析树对其进行表示。

第二阶段是语义解释，旨在对文本的含义进行表示。它会使用到如名词的格或动词的及物性等关于单词含义和语言结构的知识。其他的一些通用的表示方法包括概念依赖、框架和基于逻辑的表示法等。

第三阶段是将知识库中的结构添加到句子的内部表示中，以生成句子含义的扩充表示，比如添加用以充分理解语言所必需的背景知识。

大部分自然语言理解系统中都包含这三个阶段，但是相应的软件模块不一定会被明确划分出来。比如，许多程序直接生成内部语义解释，而不生成明确的解析树。

（二）自然语言生成

自然语言生成是人工智能和计算语言学的重要分支，其对应的语言生成系统可以被看作基于语言信息处理的计算机模型，该模型从抽象的概念层次开始，通过选择并执行一定的语法和语义规则，完成由某种中间表示到自然语言的转换过程。自然语言生成的目的是通过预测句子中的下一个单词来传达信息并实现交际。使用语言模型可以解决在数百万种选择中预测某个单词的可能性的问题。

自然语言生成系统作为人们生活中的交际工具，一方面，利用语言知识和领域知识来生成文本、分析报告等，体现出在生产速度、纠错、多语言生成等方面的优势。而另一方面，自然语言生成系统是检验特定语言理论的一种技术手段，无论是在理论上还是在描述上，其工作过程都与研究自然语言本身有着紧密的联系，涉及语言理论诸多方面的内容。自然语言生成系统的主要架构有两种类型：流线型和一体化型。

流线型的自然语言生成系统由几个不同的模块组成，各模块之间是不透明和相互独立的，每个模块之间的交互仅限于输入和输出，当一个模块内部做出决定后，后面的模块无法改变这个决定。一体化型的自然语言生成系统的模块之间是相互作用的，当一个模块内部无法做出决策时，后续模块可以参与该模块的决策。虽然一体化型的自然语言生成系统更符合人脑的思维过程，但是操作起来较为困难，所以现实中较常用的是流线型的自然语言生成系统

流线型的自然语言生成系统包括内容规划、句子规划、表层生成三个模块。内容规划决定说什么，句子规划负责让句子更加连贯，表层生成决定怎么说。实际上，大多数自然语言生成系统的体系结构会随着具体应用的变化而有所不同。

六、自然语言处理的应用

自然语言处理是计算机科学领域与人工智能领域的一个重要方向，研究能实现人与计算机之间用自然语言进行有效通信的各种理论和方法，涉及的领域较多，主要包括机器翻译、语义理解和问答系统等。

（一）机器翻译

机器翻译是指利用计算机技术实现从一种自然语言到另一种自然语言的

翻译过程。基于统计的机器翻译方法突破了之前基于规则和实例的翻译方法的局限性，翻译性能得到了巨大的提升。随着上下文的语境表征和知识逻辑推理能力的发展，自然语言知识图谱不断扩充，机器翻译将在多轮对话翻译及篇章翻译等领域取得更大进步。

目前，非限定领域机器翻译中性能较佳的是统计机器翻译。统计机器翻译主要分为训练及解码两个阶段。训练阶段的目标是获得模型参数，解码阶段的目标是利用所估计的参数和给定的优化目标，获取待翻译语句的最佳翻译结果。

在基于端到端的机器翻译系统中，通常采用递归神经网络或卷积神经网络对句子进行表征建模，从海量训练数据中抽取语义信息。与基于短语的统计翻译相比，其翻译结果更加准确，在实际应用中取得了较好的效果。

（二）语义理解

语义理解是指利用计算机技术实现对文本篇章的理解，并且回答与篇章相关问题的过程。语义理解更注重对上下文的理解以及对答案精准程度的把控。随着 MCTest 数据集的发布，语义理解受到了广泛的关注，取得了快速发展，相关数据集和对应的神经网络模型层出不穷。语义理解技术将在智能客服、产品自动问答等相关领域发挥重要作用，进一步提高问答与对话系统的精度。

在数据采集方面，语义理解通过自动构造数据和自动构造填空型问题的方法来有效扩充数据资源。为了解决填空型问题，一些基于深度学习的方法被相继提出，如基于注意力的神经网络方法。当前，主流的模型是利用神经网络技术对篇章、问题建模，对答案的开始和终止位置进行预测，抽取篇章片段。对于进一步泛化的答案，处理难度进一步提升，所以目前的语义理解技术仍有较大的提升空间。

（三）问答系统

问答系统分为开放领域的对话系统和特定领域的问答系统。问答系统技术是指让计算机像人类一样用自然语言与人交流的技术。人们可以向问答系统提出用自然语言表达的问题，系统会提供关联性较强的答案。尽管问答系统目前已经有不少应用产品出现，但大多是在实际信息服务系统和智能手机助手等领域中的应用。问答系统在稳健性方面仍然存在诸多问题和挑战。

自然语言处理面临四大挑战：一是在词法、句法、语义、语用和语音等不同层面存在不确定性；二是新的词汇、术语、语义和语法导致未知语言现象的不可预测性；三是数据资源的不充分使其难以覆盖复杂的语言现象；四是语义知识的模糊性和错综复杂的关联性难以用简单的数学模型描述。

七、自然语言处理的前景

自然语言处理发展到今天，已经取得了丰硕的成果。它所探讨的一些问题，也正是现代语言学致力解决的一些根本问题。笔者认为，自然语言处理发展前景广阔，预计在以下几个领域将有新的突破。

（一）术语数据库

术语数据库将发挥更大的作用。术语数据库是指存储在计算机中的记录概念和术语的自动化电子词典，是自然语言处理在术语工作中的应用。它的最大作用在于将术语规范化，使其更为标准。利用计算机建立术语数据库，不仅速度快，而且能够处理概念体系极为复杂的术语数据，这将从根本上改革传统的术语词典编撰技术。

（二）数理语言学

数理语言学将继续渗透到自然语言处理的各个领域。我们知道，自然语言处理的理论基础是数理语言学。数理语言学是用数学方法和数学思想研究语言现象的一门新兴学科，产生于20世纪50年代。它使语言学与数学、计算机科学、控制论以及人工智能发生了密切的关系。它的出现使得语言编码方法更加科学，信息的传输能力大大提高。总之，数理语言学理论不仅对自然语言处理是必不可少的，而且对计算机程序语言的设计和编译也有一定的指导作用，能深化我们对自然语言的认识。

（三）混合策略

混合策略将在机器翻译发展中发挥主导作用。机器翻译方法经历了基于规则的方法、基于语料库的方法、基于统计的方法和基于实例的方法等技术过程。实践证明，单一方法很难满足机器翻译系统，且效果不尽如人意。机器翻译的真正进展主要源于混合策略的提出。混合策略又可分为两种：一是将多种机器翻译方法集成在同一个机器翻译环境之下，目标是改善系统的结果；二是面向机器翻译的过程，即在翻译的不同阶段使用不同的方法，提高各个阶段的正确率，从而提高整个系统的翻译质量。由于混合策略使得机器翻译结果的可靠性大大提高，因此，它将被更加广泛地应用于机器翻译的实际操作过程当中。

第五节　人机交互

如果说有一种技术能够结合人工智能、计算机视觉、认知神经学、机械工程学等多个领域的研究成果，并深刻地影响我们的工作和生活，那么它一定是人机交互技术。通过手势识别、语音识别、触觉反馈等方式，人机交互技术把人与机器之间的信息传输变得更加人性化、自然化。

一、人机交互的概念

人工智能技术给我们的生活带来了巨大的改变，这种改变包括人与人之间的交流方式、人与机器之间的协同方式，以及机器与机器之间的理解方式。为了使人、机器和所需要的服务之间互相配合，需要使用命令、菜单、用户界面或虚拟现实场景来完成机器对人的行为及思想的理解，并输出反馈结果。

人与机器之间的交互方式逐步走向人性化、自然化。第一代计算设备及网络服务（如 PC 机、传统互联网）以鼠标和键盘的人工操作为主要交互模式；2006 年兴起的第二代计算设备及网络服务以多点触控屏和基于位置的服务为主要交互模式；随着语音交互、视觉图像交互、动作交互、脑电波交互等多模态人机交互技术的逐步发展和成熟，第三代交互模式即将出现，新一代多模态人机交互方式将对智能硬件及服务机器人等行业产生重大影响。

多模态人机交互技术通过心理学和认知科学来理解用户的感知和问题求解能力，通过计算机图形学和人体工效学提供有效展示和自然交互的物理能力，进一步通过计算机科学和计算神经科学改善行为范式的分析方法，提高建模效率。多模态交互融合了视觉、听觉、触觉、生理信号等多种感知和交互方式，其表达信息的效率和完整度要优于以往的交互模式。多模态交互可以在人与计算机、机器人、智能硬件等产品交互时有效提升用户的交互体验感，甚至改变用户的行为习惯。

例如，人机语言对话会涉及语音识别、语义理解、情感分析、动作捕捉、语音表情合成等多个维度的处理过程。在此过程中，传统的键盘、触摸屏等已经无法充分发挥作用。与传统单个用户面对计算机并利用鼠标或键盘进行交互输入的模式不同，现代出现的很多人机协同应用，交互输入的信息已经不再是显式指令，而是以用户的行为特征或者生理信号反馈作为输入信息，计算机通过人工智能程序对这类自然交互数据进行特征抽取和行为识别，从而达到理解用户意图的目的。另一个不同之处在于，参与交互的对象已经不局限于单个用户，多用户协同操作现象越来越普遍，交互界面也要针对不同层级的用户推送私人化程度更高的信息。很多新颖的智能硬件设备可以实现包括手势识别、语音识别、触觉反馈、运动检测、眼动跟随等功能，未来还可能会出现如数据手套等更多的交互入口。

二、人机交互的原理

在机器人的遥控操作中，需要将远距离环境转换成人类自然能力所能感知的形式，并且使机器人理解操作人员的行为。实现这些功能的装置被称为人机交互接口。接触交互接口是一种使人类能够通过身体的直接接触和运动而感知和操作虚拟环境或远距离环境的装置。

接触交互接口是真正实现对远距离环境进行直接操作的唯一接口。虽然视觉是人类获取外部信息的主要通道，但是它对外部环境不能产生任何影响，完全是单方向的信息获取。声音通道具有一定程度的交互功能，但是通过语音识别，将口头命令转换成计算机指令的操作方式为间接操作，人们不能获得对操作过程的直接感受和控制，其操作性能和结果取决于机器，而不是人。

研究接触交互技术首先要了解人类的触觉敏感和操作能力，这样才能制造出符合人类生理、心理特点的接口装置。人类的触觉敏感和操作能力可以分为两类：接触操作和触觉探索。接触操作是以移动物体或对物体施加力为目的，肢体的肌肉收缩和关节运动占主导地位；触觉探索是以感知和识别物体为目的，手指上的触觉、动觉感受器占主导地位，并辅之以必要的肢体运动。

现有的接触交互接口基本上可以分为三类：力反馈定位装置、人体姿态测量装置和触觉显示器。力反馈定位装置是一种通过移动其操纵手柄而使虚拟环境或远距离环境中的物体产生相应运动的装置，同时它还具有力反馈功能，使操作者能够感受到虚拟物体的重量及其对操作者的反作用力；人体姿态测量装置将操作者肢体位置和姿态信息输入到虚拟现实系统中，使操作者的动作行为能够在虚拟环境中以相同的方式体现出来；触觉显示器将虚拟物体或远距离物体的外形轮廓与触觉特征再现给操作者，使操作者产生实际接触虚拟物体的触觉感受。

三、人机交互的分类

人机交互技术聚焦普适交互（随处可见的、快捷便利的交互环境）、自然交互（使用类似人类的交流手段和行为）和直觉交互（结合人体生理信号对第一反应进行更好的理解）三个核心目标，具体包括以下四个技术方向。

（一）触控式交互

随着触摸屏手机、计算机、相机、电子广告牌，甚至触控墙等触控产品的广泛应用与发展，触控交互技术离人们越来越近，应用范围也愈加广泛。触摸屏由于具有便捷、简单、自然、节省空间、反应速度快等优点，而被人们广泛接受。

多点触控技术是指在同一个应用界面上，通过人的多个手指与机器同时进行交互，实现在同一显示界面上的多点或多用户的交互操作。可实现的操作行为包括单击、双击、平移、按压、滚动和旋转等，特别适合对具有立体结构的三维模型进行交互控制。

多点触控技术的关键问题有两个：一是如何同时采集多点信号，二是如何对多路信号融合后的意义进行判断。常见的信号采集设备包括红外对管、电容、电阻、动作捕捉器、压力感应条等。更先进的基于光学的多点触控技术近年来发展迅速，多路信号融合则需要根据人体工学建立可行的操作行为范式，并设计该范式的数学模型。以双指伸缩手势为例，该手势常用于图片、文本、网页等的放大和缩小。

（二）智能语音交互

智能语音交互具有如下优点：输入效率更高，智能手机通过语音输入的方式可以实现比键盘输入快三倍的效果，同时具有更高的输入准确率；在一些应用场景下（如驾驶汽车），语音交互会比其他交互方式更便捷、安全；语音交互的学习成本更低，就算是新用户，也能通过直觉自然地用语言进行回复。

20 世纪 90 年代出现了交互模式的语音应答系统，主要通过电话理解客户的需求并由计算机代替转接员的工作，一般广泛应用于客服运营领域，目前仍有很多大公司采用这种自助式语音应答的方式。但是这种语音问答服务存在很多缺点，例如，只能做单轮任务问答，交互方式单一、不能被中途打断等。进入 21 世纪后，很多大型公司都推出了自己的语音助手系统，例如，微软公司的 Cortana 和苹果公司的 Siri 等，这类集成了视觉和语音信息的载体可以允许用户同时使用语音和屏幕进行交互，并具备多轮对话的能力。2017 年，智能音箱又成为市场新宠，如亚马逊公司的 Echo、谷歌公司的 Home、苹果公司的 HomePod，以及阿里巴巴集团的天猫精灵。这类的纯语音设备相继被推出，销售数量达上千万台。

（三）体感和沉浸式交互

体感交互技术让人们可以使用肢体动作与周边的装置或环境互动，无须使用任何复杂的或接触式的控制设备，便可让人们沉浸式地融入所营造出的环境中。比如，看电视时可以用手部向上、向下、向左及向右挥的动作来实现电视的音量调整和频道切换等功能——这是一个很直接的以体感操控周边装置的例子。体感交互技术能够带来全新的体验，让人能够自然地与周边的装置或环境进行互动，达到按键交互或触控交互等技术无法实现的效果。但它并非其他交互技术的替代者，只是在某些特定应用环境中能够更容易被人们使用和掌握。

近年来得到广泛关注的虚拟现实（Virtual Reality，简称 VR）技术和增强现实（Augmented Reality，简称 AR）技术给人们带来了沉浸式的交互效果。VR 眼镜或立体头盔的原理是将小型二维显示器所产生的图像信号经过曲面透镜使图像焦点延伸到人眼焦距以外，产生类似大银幕画面的效果。用户戴上 VR 眼镜或立体头盔后，仿佛进入虚拟世界，当用户在场景中四处走动时，虚拟世界中的物体会随着用户眼睛的朝向发生立体视觉变化，由此让用户的大脑产生一种感觉，以为自己确实处于虚拟世界中。AR 头戴式设备中比较知名的有谷歌眼镜（Google Project Glass），它能在不影响用户观察真实世界的同时，通过一个额外的屏幕，甚至直接在用户视网膜上叠加一个和真实世界相关的数字化信息。例如，用户戴着它经过一家商店时，眼镜中会显示这家商店的促销信息，以及自己朋友对它的评价，从而为用户提供帮助。

（四）脑电波交互

人体是一个复杂的生命体，各种人体生理信号会受到人体内部及外部多种因素的影响。研究发现，有些生理信号和人所处的环境，以及所思、所想具有密切的相关性，这类信号可以看作人对外部环境刺激的反馈，或者对准备做出的决策给予的预先反应。

以脑电波交互为例。脑电波本质上是一种电信号，于1924年被德国医生汉斯·贝格尔（Hans Berger）发现。人类的各种活动会产生能量不等的电信号，比如心脏跳动时会产生1～2毫伏的电压、眼睛睁闭会产生5～6毫伏的电压，而人类思考时，大脑则会产生0.2～1毫伏的电压，诸如兴奋、紧张、抑郁等情绪都会影响大脑电信号的强度。脑电波交互的基本原理就是采集人类思考时产生的脑电图，利用大数据技术和深度学习方法找出脑电信号与人的行为之间的对应规律，从而将人的潜意识思考翻译成机器可识别的控制指令，最终操作某些外部设备按照指令完成某个控制动作。依靠脑电波这样的人体生理信号去追踪、识别和模拟人脑的意识，进一步预测和管理人类行为，这为未来人机交互技术的发展指明了方向。

四、人机交互技术的前景

在过去几年里，人机交互中“人”的技能水平、文化、语言和目标的差异越来越大，“机”的类型也越发呈现出多样性的特征。人机交互一个重要的研究方向就是能够根据用户的反馈，为用户提供个性化的界面，并预测用户的未来行为，如答案、目标、偏好和动作等。

人工智能技术将为自适应用户界面和多模态数据处理提供重要的支持。自适应人机交互有助于支持更复杂和更贴近自然的信息输入和输出，使系统能够更快速、准确地执行复杂的任务。其首要目标是增加人机交互输入和输出的模态，提高交互通道的质量，以提高交互效果。其主要挑战是表示、理解和利用各种通道的数据，以最大限度地提高输出交互的效率和自然互动的效果。

第六节　生物特征识别

一、生物特征识别的概念

生物特征识别技术是指通过个体生理特征或行为特征对个体身份进行识别认证的技术。从应用流程看，生物特征识别通常分为注册和识别两个阶段。注册阶段通过传感器对人体的生物表征信息进行采集，如利用图像传感器对指纹和人脸等光学信息进行采集，利用麦克风对说话声音等声学信息进行采集，利用数据预处理以及特征提取技术对采集的数据进行处理，得到相应的特征并进行存储。识别过程采用与注册过程一致的信息采集方式，对识别人进行信息采集、数据预处理和特征提取，然后将提取的特征与存储的特征进行对比分析，完成识别。从应用场景看，生物特征识别一般分为辨认与确认两个方面，辨认是指从存储库中确定待识别人身份的过程，是一对多的问题；确认是指将待识别人的信息与存储库中特定的单人信息进行比对，确定身份的过程，是一对一的问题。

二、生物特征识别的起源和发展

所谓生物特征识别，主要是指以生物技术为基础，利用信息技术将生物和信息进行有机结合，对人的身份特征进行有效识别的一种新技术手段。在进行身份识别的过程中，生物特征识别主要对人体的生理特征进行识别，例如人的声音、指纹、面部特征等。该技术手段包括多学科的内容，例如生理学、生物测定学等。生物特征识别是信息技术发展到一定阶段的产物，它更加趋向于自动化发展方向，能够根据人体的生理特征，对身份进行自动化鉴定。

这一技术在古时候就得到了实际应用。例如，古埃及人在进行身份识别的过程中，会对人体各部分的尺寸进行测量，以实现身份认证的目的。当然，古埃及采取的方法具有较大的局限性。关于指纹识别，我国古代对这一技术进行了研究，但主要是用于“签字画押”，指纹鉴定技术十分落后。

第三次工业革命后，计算机信息技术得到了迅速发展，该技术对传统生物特征识别设备进行了有效革新，提升了设备的自动化和智能化程度，促进了生物特征识别技术的发展。其中，虹膜识别技术就是一个典型代表，并且这一技术的出现为日后的生物特征识别技术发展奠定了重要基础，新兴的生物特征识别技术如雨后春笋一般，纷纷出现。

三、生物特征识别的特点

能够用来鉴别身份的生物特征应该具有以下特点。

①广泛性：每个人都应该具有这种特征。

②唯一性：每个人拥有的特征应该各不相同。

③稳定性：所选择的特征不会随时间的变化而发生变化。

④可采集性：所选择的特征应该便于测量。

实际的应用还对基于生物特征的身份鉴别系统提出了更多的要求：对于资源的要求——识别的效率如何；对于可接受性的要求——使用者在多大程度上愿意接受所选择的生物统计特征系统；对于安全性的要求——系统是否能够防止被攻击，是否具有相关的、可信的研究背景作为技术支持；提取的特征容量、特征模板是否占用较小的存储空间，价格是否为用户所接受；是否具有较快的注册和识别速度；是否具有非侵犯性。

遗憾的是，到目前为止，还没有任何一种单项生物特征可以满足上述全部要求。基于各种不同生物特征的身份鉴别系统各有优缺点，分别适用于不同的范围。但对于不同的生物特征身份鉴别系统，应有统一的评价标准。

四、生物特征识别的分类

生物特征识别技术涉及的内容十分广泛，包括指纹、人脸、虹膜、指静脉、声纹、步态等多种生物特征，其识别过程涉及图像处理、计算机视觉、语音识别、机器学习等多项技术。目前，生物特征识别作为重要的智能化身份认证技术，在金融、公共安全、教育、交通等领域得到了广泛的应用。下面将对指纹识别、人脸识别、虹膜识别、指静脉识别、声纹识别及步态识别等技术分别进行介绍。

（一）指纹识别

指纹识别通常包括数据采集、数据处理、分析判别三个过程。数据采集是通过光、电、力、热等物理传感器获取指纹图像；数据处理包括预处理、畸变校正、特征提取三个过程；分析判别是对提取的特征进行分析判别的过程。

（二）人脸识别

从应用过程来看，可将人脸识别技术划分为检测定位、面部特征提取以及人脸确认三个过程。人脸识别技术的应用主要受到光照、拍摄角度、图像遮挡、年龄等多个因素的影响，目前在约束条件下人脸识别技术相对成熟，在自由条件下人脸识别技术还在不断改进。

（三）虹膜识别

虹膜识别的理论框架主要包括虹膜图像分割、虹膜区域归一化、特征提取和识别四个部分，研究工作大多是基于此理论框架发展而来的。虹膜识别技术应用的主要难题包括传感器和光照影响两个方面：一方面，由于虹膜尺寸小且受黑色素遮挡，需在近红外光源下采用高分辨图像传感器才可清晰成像，对传感器质量和稳定性要求比较高；另一方面，光照的强弱变化会引起瞳孔缩放，导致虹膜纹理产生复杂形变，这样会增加匹配的难度。

（四）指静脉识别

指静脉识别是利用人体静脉血管中的脱氧血红蛋白对特定波长范围内的近红外线有很好的吸收作用这一特性，采用近红外光对指静脉进行成像与识别的技术。由于指静脉血管分布的随机性很强，其网络特征具有很好的唯一性，且属于人体内部特征，不受外界影响，因此模态特性十分稳定。指静脉识别技术应用面临的主要难题来自成像单元。

（五）声纹识别

声纹识别是指根据待识别语音的声纹特征识别说话人的技术。声纹识别技术通常可以分为前端处理和建模分析两个阶段。声纹识别的过程是将某段来自某个人的语音经过特征提取后与多复合声纹模型库中的声纹模型进行匹配，常用的识别方法有模板匹配法、概率模型法等。

（六）步态识别

步态识别是指通过身体体型和行走姿态来识别人的身份。相比上述几种生物特征识别，步态识别的技术难度更大，体现在其需要从视频中提取运动特征，以及需要更高要求的预处理算法。但步态识别具有远距离、跨角度、光照不敏感等优势。

五、生物特征识别的应用

（一）电子商务领域的应用

生物特征识别技术应用于电子商务领域时，需要对网络环境、客户端获取资源的权限、生物身份认证等问题进行考虑。信息资源的管理必须在身份识别认证通过的情况下，才能够进行相关操作。在应用过程中，我们应该考虑以下几个问题：第一，设置相应的生物特征模板，这一生物特征模板用于用户登录系统的认证；第二，要充分考虑安全性问题，将密码与生物特征识别技术一同进行应用；第三，要注重生物特征识别技术与传统身份识别技术的有效结合，增强安全性。

（二）政务领域的应用

对于生物特征识别技术在政务领域的应用，我们并不陌生，且在美国“9·11 恐怖袭击事件”发生后，生物特征识别技术得到了各国的广泛重视。国际民用航空组织已要求各成员国在旅行证件上加入生物特征信息，以更好地对乘客身份进行有效识别。2004 年 11 月，新加坡国际机场海关开始使用生物特征识别系统，以期更好地进行生物特征检测。除此之外，生物特征识别技术在刑侦领域、异地网络授权管理以及通关系统中都得到了广泛应用。

（三）个人信息安全领域

个人信息安全领域中对生物特征识别技术的应用，主要有指纹计算机登录系统、指纹认证技术、指纹文件加密系统及移动存储设备等。关于这一领域的生物特征识别技术应用，我们最熟悉的莫过于智能手机的指纹识别功能，该功能更好地保护了个人隐私，相比输入密码的手机解锁方式来说，也更加方便。

六、生物特征识别的前景

就当下生物特征识别技术发展现状来看，多模态生物特征识别技术融合是未来的发展趋势。就我国对生物特征识别技术的研究情况来看，新的多模态生物特征识别技术得到了较快的发展。

同时，我们还可以从当下全球生物特征识别技术市场发展前景这一方面，对生物特征识别技术的发展进行相应分析。生物特征识别技术早年在司法鉴定领域得到了广泛应用，现阶段生物特征识别技术在反恐领域、安全风险防范领域都得到了十分广泛的应用。国内外一些高新技术公司纷纷加大了对这一技术的研究和投入，并且将这一技术广泛地应用于机场、银行以及电子器具上。这样一来，生物特征识别技术将在未来的发展过程中，有更为广阔的发展空间。

我们不难看出，生物特征识别技术在实际应用过程中，应用较为广泛的主要有指纹识别技术和语言识别技术。但随着生物特征识别技术的发展，在未来发展过程中，人脸识别、虹膜识别等其他生物特征识别技术也将得到更大的发展。

第三章　大数据的技术与应用

第一节　大数据概述

一、大数据的产生与发展

（一）大数据产生的背景

现代信息技术产业已经拥有70多年的历史，其发展先后经历了几次浪潮。先是20世纪六七十年代的大型机浪潮，此时的计算机体型庞大，计算能力也不高。20世纪80年代以后，随着微电子技术和集成技术的不断发展，计算机各类芯片不断小型化，兴起了微型机浪潮。20世纪末，随着互联网的兴起，网络技术快速发展，由此掀起了网络化浪潮，越来越多的人能够接触到网络和使用网络。

近几年，随着手机及其他智能设备的兴起，全球网络在线人数激增，我们的生活已经被数字信息所包围。而这些数字信息就是我们通常所说的“数据”，也可以进一步看出，智能化设备的不断普及是大数据技术迅速发展的重要原因。

智能设备的普及、物联网的广泛应用、存储设备性能的提高、网络带宽的不断增长为大数据的产生提供了储存和流通的基础。数据产生方式的变革促进大数据时代的来临。伴随着社交网络的兴起，大量的用户自生成内容，如音频、文本信息、视频、图片等，出现了非结构化数据。

（二）大数据的发展历程

1.萌芽时期（20世纪90年代至21世纪初）

“大数据”这一概念起源于美国，早在1980年，著名的未来学家阿尔文·托夫勒（Alvin Toffler）在其所著的《第三次浪潮》一书中，将大数据称为“第三次浪潮的华彩乐章”。20世纪90年代，复杂性科学的兴起，不仅给我们提供了复杂性、整体性的思维方式和科学研究方法，还给我们带来了有机的自然观。1998年，一篇名为《大数据科学的可视化》的文章在美国《自然》杂志上发表，大数据正式作为一个专有名词出现在公共刊物中。

2.发展时期（21世纪初至2010年）

21世纪的前十年，互联网行业迎来了飞速发展的时期。2001年，分析师道格·莱尼（Doug Laney）提出数据增长的挑战和机遇有三个方向：量（Volume，数据量大小）、速（Velocity，数据输入输出的速度）、类（Variety，数据多样性），合称“3V”。在此基础上，麦肯锡咨询公司增加了价值密度（Value），构成了“4V”特征。2005年大数据有了重大突破，Hadoop技术诞生，并成为数据分析的主要技术。2007年，数据密集型科学的出现，不仅为科学界提供了全新的研究范式，还为大数据的发展提供了研究基础。2008年，美国《自然》杂志推出了一系列有关大数据的专刊，详细讨论了有关大数据的一系列问题，大数据开始引起人们的关注。2010年美国信息技术顾问委员会发布了一篇名为《规划数字化未来》的报告，详细叙述了政府工作中对大数据的收集和使用，美国政府已经高度关注大数据的发展。

3.兴盛时期（2011年至今）

2011年，IBM公司研制出了沃森超级计算机，以每秒扫描并分析4TB的数据量打破了世界纪录，大数据计算迈向了一个新的高度。紧接着，麦肯锡咨询公司发布了题为《海量数据，创新、竞争和提高生成率的下一个新领域》的研究报告，详细介绍了大数据在各个领域中的应用情况，以及大数据的技术架构。2012 年，世界经济论坛在瑞士达沃斯召开，会上讨论了与大数据相关的一系列问题，发布了名为《大数据，大影响》的报告，向全球正式宣布大数据时代的到来。2011 年之后，大数据的发展进入了全面兴盛的时期。

二、大数据的定义与特点

（一）大数据的定义

大数据是指无法在一定时间范围内，用常规软件工具进行捕捉、管理和处理的数据集合，是需要新处理模式才能具有更强的决策力、洞察发现力和流程优化能力的海量、高增长率和多样化的信息资产。

随着云时代的来临，大数据也吸引了越来越多学者的关注。大数据通常用来形容一个公司创造的大量非结构化数据和半结构化数据，这些数据在下载到关系型数据库用于分析时会花费较多的时间和金钱。大数据分析常和云计算联系在一起，因为实时的大型数据集分析需要有像 MapReduce 一样的框架来向数十、数百甚至数千台电脑分配工作。

大数据需要特殊的技术，以有效地处理大量的数据。适用于大数据的技术，包括大规模并行处理数据库、数据挖掘、分布式文件系统、分布式数据库、云计算平台、互联网和可扩展的存储系统。

（二）大数据的特点

随着大数据时代的到来，“大数据”已经成为互联网信息技术行业的流行词汇。大数据的特点一般为数据量大、数据类型繁多、处理速度快和价值密度低。

1.数据量大

人类进入信息社会以后，数据以自然方式增长，其产生不以人的意志为转移。我们正生活在一个“数据爆炸”的时代。目前，世界上只有少部分设备是联网的，大部分上网设备是计算机和手机，而在不远的将来，将有更多的用户成为网民，汽车、家用电器、生产机器等各种设备也将大量接入互联网。随着移动互联网的快速发展，人们已经可以随时随地发布各种信息。将来，随着物联网的推广和普及，各种传感器和摄像头将遍布我们工作和生活的各个角落，这些设备每时每刻都在产生和收集大量的数据。

综上所述，人类社会正在经历又一次“数据爆炸”。各种数据产生速度之快，数量之大，已经远远超出人类可以控制的范围，“数据爆炸”成为大数据时代的鲜明特征。

2.数据类型繁多

大数据的数据类型丰富，包括结构化数据和非结构化数据。其中，前者占10%左右，主要是指存储在关系数据库中的数据；后者占90%左右，其种类繁多，主要包括邮件、音频、视频、微信、微博、位置信息、链接信息、手机呼叫信息、网络日志等。

这些类型繁多的异构数据，对数据处理和分析技术提出了新的挑战，也带来了新的机遇。传统的数据主要存储在关系数据库中，但是，在类似Web2.0等应用领域中，越来越多的数据开始存放在非关系型数据库中，这就必然要求在集成的过程中进行数据转换，而这种转换的过程是非常复杂且难以管理的。传统的联机分析处理和商务智能工具大都面向结构化数据，而在大数据时代，对用户友好的、支持非结构化数据分析的商业软件也将迎来广阔的市场发展空间。

3.处理速度快

大数据时代的很多应用需要基于快速生成的数据给出实时分析结果，用于指导生产和生活实践。因此，数据处理和分析的速度通常要达到秒数量级，这一点与传统的数据挖掘技术有着本质的不同，后者通常不要求给出实时分析结果。为了实现快速分析海量数据的目的，新兴的大数据分析技术通常采用集群处理和独特的内部设计方式。以谷歌公司的 Dremel 为例，它是一种可扩展的、交互式的实时查询系统，用于只读嵌套数据的分析，通过结合多级树状执行过程和列式数据结构，它能做到在几秒内完成万亿张表的聚合查询，该系统可以扩展到成千上万的 CPU 上，满足成千上万用户操作数据的需求。

4.价值密度低

大数据的价值密度远远低于传统关系数据库中已经存在的数据。在大数据时代，很多有价值的信息都是分散在海量数据中的。以小区监控视频为例，如果没有意外事件发生，则连续不断产生的数据都是没有任何价值的，即使偷盗等意外情况发生时，也只有记录了事件过程的那一小段视频是有价值的。但是，想要获得发生偷盗等意外情况时的那一段宝贵记录，就要保存摄像头连续不断传来的监控数据。

三、大数据的性质

（一）非结构性

结构化数据是可以在结构数据库中存储与管理，并可用二维表来表达实现的数据。结构化数据在大数据中所占的比例较小，仅占 15%左右，现已得到广泛应用。当前的数据库系统以关系数据库系统为主导，例如银行财务系统、股票与证券系统、信用卡系统等。

非结构化数据是指在获得数据之前无法预知其结构的数据，目前所获得的数据85%以上是非结构化数据。传统的系统无法对这些数据进行处理。从应用角度来看，非结构化数据的计算是计算机科学的前沿。大数据的高度异构也导致抽取语义信息十分困难。如何将数据组织成合理的结构是大数据管理中的一个重要问题。大量出现的各种数据本身是非结构化的或半结构化的数据，如图片、照片、日志和视频数据等是非结构化数据，而网页等是半结构化数据。大数据的不确定性表现在高维、多变和强随机性等方面。股票交易数据流是大数据不确定性表现的一个典型例子。

大数据产生了大量需要研究的问题。非结构化和半结构化数据的个体表现、一般性特征和基本原理尚不清晰，这些需要通过数学、经济学、社会学、计算机科学和管理科学在内的多学科进行交叉研究。对于半结构化或非结构化数据，例如图像，需要研究如何将它转化成多维数据表、面向对象的数据模型或者直接基于图像的数据模型。还应说明的是，大数据每一种表示形式呈现的仅是数据本身的一个侧面，并非其全貌。

（二）不完备性

数据的不完备性是指在大数据条件下，所获取的数据常常包含一些不完整和错误的信息，即脏数据。在进行数据分析之前，需要对数据进行抽取、清洗、集成，得到高质量的数据之后，再进行挖掘和分析。

（三）时效性

数据规模越大，分析处理的时间就会越长，所以高速度进行大数据处理非常重要。如果设计一个专门处理固定大小数据量的数据系统，其处理速度可能会非常快，但并不能满足大数据的要求。因为在许多情况下，用户要求立即得到数据的分析结果，这时就需要在处理速度与数据规模间折中考虑，寻求新的解决办法。

（四）安全性

由于大数据高度依赖数据存储与共享，因此必须考虑寻找更好的方法来消除各种隐患与漏洞，只有这样才能有效地维护数据安全。数据的隐私保护是大数据分析和处理的一个重要问题，对个人数据使用不当，尤其是有一定关联的多组数据泄露，会导致用户的隐私泄露。因此，大数据的安全性问题是一个重要的研究方向。

（五）可靠性

针对互联网大规模真实运行数据的高效处理和持续服务需求，以及出现的数据异质异构、非结构乃至不可信特征，数据的表示、处理和质量已经成为互联网环境中大数据管理的重要问题。

第二节　大数据的分析方法与考虑因素

随着互联网和信息技术的快速发展，数字化、网络化越来越普及，大量的信息聚集起来，形成了海量数据。对海量数据加以分析，可以从中获取更有价值的产品和服务，然后再将它们反过来作用于人类社会。比如，人们在很多动物身上装上便携式传感设备，记录它们的运动轨迹，从而分析出动物所处环境的生态规律，以便为生物学家保护濒危物种、维护生态平衡提供科学依据；再如，在世界各地的港口和码头放置精确的测量仪，实时记录水位、流量和流速，可以为科学家分析潮汐变化规律提供依据。

如今，数据已经成为一种商业资本，可以创造新的经济利益，是改变市场、组织机构，以及政府与公民关系的方法。大数据分析技术能够帮助政府、企业以及个人更好地洞察事实、作出决策。

一、大数据的分析方法

大数据分析开启了一次重大的时代转型。就像天文望远镜能够让我们感受宇宙，显微镜能让我们观测微生物，这种能够收集和分析海量数据的新技术将帮助我们更好地理解世界。大数据分析遵循数据科学的工作流程、技术和方法，是数据创造价值的重要途径。

跟人类一样，计算机也会“挑食”，它最喜欢的数据是结构化数据。结构化数据是指可以用一个二维表来进行逻辑表达和实现的数据，它严格地遵循数据的格式与长度规范，主要通过关系型数据库进行存储和管理。

但随着社交网络的流行，大量的非结构化数据出现。由于非结构化数据形态各异，没有办法找到统一的分析、挖掘方法，所以传统的处理方法难以应对。当数据量达到某种规格时需要引入云计算等技术，从而实现大规模的存储、计算和传输。

大数据分析技术主要包括数据采集与传输、数据存储与管理、计算处理、查询与分析，以及可视化展现。大数据分析可以分为分析技术、数据存储和基础架构三大类，融合了许多传统数据库的优点。

大数据的兴起推动了数据科学的发展，人类通过统计分析、数值分析等各种方法探索未知的世界，为大数据的挖掘分析提供了更加强有力的技术研究手段。

如何从形形色色的数据中提取出有用的、可以量化或分类的信息，为企业和个人带来价值，是社会各界关注的焦点。目前，很多传统的数据分析方法也可用于大数据分析，这些方法源于统计学和数据科学等多个学科。

（一）聚类分析

聚类分析是划分样本的统计学方法，指把具有某种相似特征的物体归为一类。聚类分析的目的是通过对无标记训练样本的学习，将样本分成若干类别，使同一类物体具有高度的同质性。

（二）因子分析

因子分析的基本目的是用少数几个因子去描述许多指标或因素之间的联系，即将比较密切的几个变量归在同一类中，每一类变量就成为一个因子，从而以较少的几个因子来反映原数据的大部分信息。

（三）相关分析

相关分析是研究两个或两个以上随机变量的相关关系，并据此进行预测的分析方法。例如，在分析影响居民生活的消费因素时，可以通过研究劳动者的报酬、家庭收入等收入变量与家庭食品、医疗、交通等支出变量之间的关系来分析影响居民消费的因素。

（四）回归分析

回归分析主要用于预测输入变量（自变量）和输出变量（因变量）之间的关系。通过回归分析，可以把变量间的复杂关系简单化。

（五）A/B 测试

A/B 测试是一种在大规模测试条件下评价两个元素或对象中最优者的分

析方法。例如，一个对象有 A、B 两个方案，随机让一部分用户使用 A 方案，另一部分用户使用 B 方案。同时，在用户的使用过程中，记录用户的使用数据，并对实际应用数据进行量化分析，从而选择较优的方案执行。

（六）数据挖掘

数据挖掘是指通过特定的算法对大量的数据进行自动分析，从而揭示数据当中隐藏的规律和趋势，即在大量的数据当中发现新知识，为决策者提供参考。它主要用于完成下列任务：分类、估计、预测、聚类、复杂数据类型挖掘（如文本、图像、视频、音频等）。

二、采用大数据分析技术的考虑因素

（一）“陡峭”的学习曲线

很多大数据分析技术看似十分好用，但是学习的难度较大，学习曲线是“陡峭”的。例如，你可以轻松下载用于 Hadoop 的开源软件，使用基于元组的数据环境或基于图的数据库系统。但是，除非开发人员在数据分布和并行代码开发方面有一些经验，没有任何相关基础的人员学习起来是十分困难的。

（二）数据生命周期的变化

大数据分析中关于数据生命周期的要求既不同于支持传统事务处理的数据系统，也不同于通常基于静态结构化数据集提供结果的数据仓库和数据中心。一个很好的例子就是大数据分析应用可以将实况数据流直接进行实时集成，而数据仓库通常只是从现有的前端系统中提取静态数据进行集成。

（三）数据意图

大多数数据系统是为特定目的而构建的。原始数据意图可能与一系列潜在用途有很大的不同，这意味着相关机构需要对数据质量和语义一致性具有更强的掌控能力。

第三节　大数据的处理流程与关键技术

一、大数据的处理流程

大数据的处理流程一般包括以下几个步骤：首先，利用合适的工具对海量数据源进行抽取和集成，之后按照某一标准统一存储，再对存储的数据进行分析，从中提取有益的信息并将结果展现给终端用户。具体来说，大数据的处理流程通常包括数据采集、数据存储、数据处理和数据挖掘。

（一）数据采集

数据采集是指利用多个数据库接收来自客户端（包括传感器、网站网页、移动应用程序）的数据。数据采集是大数据处理流程中的第一步，也是最基础和最根本的部分。随着互联网技术的普及，每时每刻都有海量的用户数据产生，这些数据以不同的形式散布在互联网的各个角落，使数据采集成为一项复杂的工程。这主要体现在四个方面：第一，数据源多种多样；第二，数据量巨大；

第三，数据变化快；第四，数据实时化难度大。具体来看，大数据的数据源主要包括以下两个方面。

第一，各种智能设备中的运行数据。在智能制造、可穿戴设备、物联网等越来越普及的今天，智能设备的数据采集变得非常重要。例如，通过汽车内置的传感器和黑盒能收集车速、行驶里程等数据，甚至连车辆的目的地、何时到达这类信息都能掌握；通过可穿戴设备可以收集、监测使用者的生理特征。但是，通过智能设备采集的数据包括结构化、半结构化、非结构化等多种类型，这与以前的纯粹结构化数据采集有很大不同，因此存在不少需要克服的技术难题。

第二，互联网网页数据。社交网络、电商或官方网站、App应用中的用户数据是商家获取用户消费、交易、产品评价信息以及其他社交信息的重要渠道。这类数据可以通过网络爬虫等方式获取，将非结构化数据、半结构化数据从网页中提取出来，并以结构化的方式将其存储为统一的本地数据文件。

数据采集手段的进步也带来了一系列值得研究与思考的问题。

一是数据壁垒问题。在大数据时代，数据资源是一种核心资产，商业主体倾向于保护自己的数据，不愿意无偿公开数据。此外，长期以来，政府部门之间的数据共享问题难以解决。相关法律法规、政策制度和技术标准缺失，导致政府部门不敢开放数据，形成了数据壁垒。虽然国内在大数据交易方面进行了一些探索，也有一些大数据交易平台成立，但是制度还不完善。

二是数据隐私问题。对于隐私数据，目前采集的界限很难确定。一些数据一旦采集便涉及隐私问题，不采集又会损失很多重要信息。如何利用数据算是侵犯隐私？怎样才算是合法利用？这些问题看上去属于道德或法律范畴，但其实也和技术实现手段息息相关。

三是数据安全问题。如何保证数据不受损、不被修改、不被偷窃，是当前大数据采集所要重点解决的安全问题。这会涉及隐私保护和推理控制、数据真伪识别和取证、数据持有完整性验证等技术。

（二）数据存储

在大数据时代，数据量正以前所未有的速度迅速增加，一套成熟的数据存储和管理体系亟待构建。在选择存储设备时，功能的集成度、数据的安全、系统的稳定性以及系统自身的可拓展性等因素都需要考虑。

大数据的来源不同，其格式也多种多样，既可分为结构化数据、半结构化数据、非结构化数据；也可分为元数据、主数据、业务数据；还可以分为文本、视频、音频、地理位置信息等。传统的结构化数据库已经无法满足数据多样性的存储要求，因此，大数据的存储系统必须对多种数据及软硬件平台有较好的兼容性，以便适应各种应用算法或者数据提取转换与加载。较为常用的大数据存储技术如下。

第一，采用大规模并行处理系统架构的新型数据库集群。重点面向行业大数据，采用无共享架构，通过列存储、粗粒度索引等大数据处理技术，完成对分析类应用的支撑。其运行环境多为低成本电脑服务器，具有高性能和高扩展性的特点，在企业分析类领域中应用广泛。

第二，基于 Hadoop 的技术扩展和封装。围绕 Hadoop 衍生出相关的大数据技术，能够应对传统关系型数据库较难处理的数据和场景。伴随着相关技术的不断进步，其应用场景也将逐步增加，目前最为典型的应用场景是通过扩展和封装 Hadoop 来实现对互联网大数据存储、分析的支撑。

第三，大数据一体机。这是一种专为大数据分析处理而设计的软硬件结合的产品，由一组集成的服务器、存储设备、操作系统、数据库管理系统，以及为数据查询、处理、分析而特别预先安装及优化的软件组成。高性能大数据一体机具有良好的稳定性和纵向扩展性。

（三）数据处理

数据处理环节主要完成对已接收数据的抽取、清洗、脱敏等操作。

1.抽取

由于获取的数据可能具有多种结构和类型，数据抽取过程可以帮助我们将这些复杂的数据转化为单一的或者便于处理的类型，以达到快速分析、处理的目的。在实际应用中，数据源较多采用的是关系数据库。从数据库中抽取数据一般有以下两种方式。

全量抽取：类似于数据迁移或数据复制，它将数据源中的表格或视图的数据原封不动地从数据库中抽取出来，并转换成可以识别的格式。

增量抽取：增量抽取较全量抽取应用范围更广。如何捕获变化的数据是增量抽取的关键，其对捕获方法一般有两点要求：一是能够将业务系统中的变化数据准确地捕获到；二是尽量避免对业务系统造成太大的压力，影响现有业务。

2.清洗

在采集数据时，会存在大量的“脏数据”。这些数据或与我们的需求无关，或是错误数据，或是相互之间有冲突。过滤掉这些不符合要求的数据，才能提取出有效数据，这一过程被称为“数据清洗”。数据清洗不仅有利于提高数据处理效率，还能对用户信息多一层保护。

3.脱敏

脱敏是指对一些涉及个人隐私的敏感信息，如身份证号、电话号码、银行账户等，进行数据的变形处理，达到隐私保护的目的。

目前，常用的大数据处理技术有 Hadoop 和 Netezza。

Hadoop 是由 Apache 软件基金会搭建的一个分布式计算平台，也是目前非常流行的大数据处理平台。用户可以在该平台上开发和运行处理海量数据的应用程序。Hadoop 在数据提取、变形和加载方面具有优势，擅长存储大量的半结构化数据集，也非常擅长分布式计算。

Netezza 数据仓库应用设备将存储、处理、数据库和分析融入一个高性能数据仓库设备中，使大数据高级分析更简单、更迅捷、更易用。

（四）数据挖掘

数据挖掘的前身是数据库中的知识发现技术。数据挖掘是指运用计算机技术，从大量的数据中将隐藏的有价值的信息提取出来的过程。数据挖掘具有以下几个特点：一是基于海量的数据；二是非平凡性，即挖掘出来的知识应该是不简单的；三是隐藏性，即数据挖掘是要发现深藏在数据内部而非浮现在数据表面的知识；四是价值性，即挖掘的知识能给企业带来直接或间接效益。数据挖掘有很多技术方法，如统计分析、聚类分析等。

二、大数据的关键技术

（一）分布式存储

分布式存储系统是将数据分散存储在多台独立的设备上，采用可扩展的系统结构，利用多台存储服务器分担存储负荷，利用位置服务器定位存储信息，这样不但提高了系统的可靠性、可用性和存取效率，还使系统易于扩展。

比如，谷歌公司很多数据的计算和存储都是在廉价服务器和普通存储硬盘的基础上进行的，这大大降低了其服务成本，使其可以将更多的资金投入到技术研发之中。

（二）分布式处理

分布式处理系统可以将不同地点的，或具有不同功能的，或拥有不同数据的多台计算机或服务器用通信网络连接起来，在控制系统的统一管理和控制下，协调地完成信息处理任务。

MapReduce 是一种云计算的核心计算模式，也是一种简化的分布式编程模式。MapReduce 模式的主要思想是：首先将数据自动分割的、要执行的问题拆解成 Map（映射）和 Reduce（化简）的方式；在数据被分割以后，通过 Map 函数的程序将数据映射成不同的区块，分配给计算机机群或服务器集群进行处理，达到分布式运算的效果；然后再通过 Reduce 函数的程序将运算结果汇总整理，最后输出开发者需要的结果。

Hadoop 是一个具有 MapReduce 计算模式的、能够对大量数据进行分布式处理的软件。它以一种可靠、高效、可伸缩的方式进行大量数据的处理。

第四节 大数据与物联网、云计算

大数据是伴随着物联网和云计算的发展而不断发展的，且大数据崛起和运用依赖于物联网和云计算。其中，物联网可以看作大数据的采集端，而云计算则可以看作大数据的核心技术处理端。下面分别来介绍物联网和云计算。

一、物联网

大量的数据到底来自哪里呢？物联网作为互联网应用的拓展，在各个领域都有应用，物联网为大数据提供了广泛的信息来源。

物联网通过射频识别各类传感装置，通过全球定位系统、激光扫描技术等把各种物品联系起来后，利用互联网进行交换，最终让人与物、物与物实现互相连接，实现智能化识别与定位。举例来说，现代社会通常运用的食品安全系统，可追溯一种植物从发芽、生长到进入餐桌的各个环节，这就是借助物联网的数据技术来实现的。

物联网将会产生海量数据，所以物联网成为大数据来源的基础设施。具体来看，日常生活中大数据的来源主要集中在以下三个方面。

第一，以电话、微博、微信等为代表的社交网络，可以产生批量数据，对这些数据进行分析，可以了解人与人之间的关系。

第二，电子商务平台。比如，阿里巴巴集团的电子商务平台就可以产生大量的数据。早在 2014 年，阿里巴巴集团就表示，阿里巴巴数据平台事业部的服务器上，有超过 100 PB 已处理过的数据，相当于 4 万个西雅图中央图书馆。类似阿里巴巴这样的电商平台每天都在生产海量数据，借助这些数据的信息分析可以让商家准确地预测消费者的行为，把握其中蕴含的商机。除了电商层面，实体商店也可以借助大数据改善销售行为。比如，一家咖啡店的老板就可以借助大数据让咖啡卖得更好。

第三，摄像头收集的视频、图片等信息。比如，商场里随处可见的安保摄像头，以及散落在各个城市街道的交通摄像头等。各种摄像头摄入的人流、车流信息都可以生成海量数据，这些数据的聚集成为大数据的重要来源。

二、云计算

云计算为大数据的计算和分析提供了可行的方法。云计算的数据在云端，任何时间、任何设备只要登录后就可以享受计算服务。利用云计算对数据进行计算后，可以让数据为人类所用，让数据成为一种基础的公共物品。

2008 年建设并于 2010 年正式投入运行的天津数据中心已经成为腾讯在亚

洲首屈一指的数据中心，共计 8 万平方米，约 20 万台服务器。该中心负责腾讯的所有业务，比如微信、即时通信等。阿里巴巴集团旗下公司阿里云也提供了大量的大数据产品，包括大数据基础服务、数据分析及展现、数据应用、人工智能等。

第五节　大数据的实践应用与发展趋势

一、大数据的实践应用

大数据的应用越来越广泛。很多组织或者个人都会受到大数据的影响，但是大数据是如何帮助人们挖掘出有价值的信息的呢？

（一）理解客户、满足客户需求

对于企业来说，大数据的应用重点是如何通过大数据更好地了解客户以及他们的喜好和行为。为了更加全面地了解客户，在一般情况下，企业会建立数据模型进行预测。比如，通过大数据超市可以更加精准地预测哪些产品会大卖。

（二）改善人们的日常生活

大数据不单单只是应用于企业和政府，同样也适用于我们生活当中的每个人。我们可以利用穿戴装备（如智能手表或者智能手环）生成最新的数据，而且还可以利用大数据分析来寻找属于我们的爱情——大多数交友网站会利用大数据应用工具来为需要的人匹配合适的对象。

（三）提高医疗和研发水平

利用大数据分析技术，可以让我们在几分钟内就解码整个 DNA，并且帮助我们制定出最新的治疗方案。

大数据技术目前已经在医院应用。例如，监视早产婴儿和患病婴儿的情况。通过记录和分析婴儿的心跳，医生可以对婴儿的身体可能会出现的不适症状进行预测，相关数据也可以帮助医生更好地救助婴儿。

（四）提高体育成绩

现在很多运动员在训练的时候会应用大数据分析技术。以用于网球比赛的 IBM SlamTracker 工具为例。我们可以通过录制视频来追踪比赛中每个运动员的表现，再通过大数据进行分析，制定合理的训练方案。很多精英运动队还追踪比赛环境外运动员的活动——通过使用智能技术来追踪其营养状况、睡眠状况等，以为其制定更具有针对性的训练方案。

（五）优化机器和设备的性能

大数据分析可以让机器和设备在应用上更加智能化和自主化。例如，相关大数据工具曾经被谷歌公司用来研发自动驾驶汽车，通过配备相机、智能导航系统以及传感器，使汽车在路上能够安全地自动驾驶。

二、大数据技术的发展趋势

（一）数据的资源化

资源化是指大数据成为企业和社会关注的重要战略资源，并已成为大家争相抢夺的新焦点。因此，企业必须提前制定大数据营销战略计划，抢占市场先机。

（二）与云计算的深度结合

大数据离不开云处理，云处理为大数据提供了弹性可拓展的基础设备，是产生大数据的平台之一。自 2013 年开始，大数据技术已开始和云计算技术紧密结合，预计未来两者关系将更为密切。除此之外，物联网、移动互联网等也将一起助力大数据革命。

（三）科学理论的突破

就像计算机和互联网一样，大数据很有可能掀起新一轮的技术革命。随之兴起的数据挖掘、机器学习和人工智能等相关技术，可能会改变数据世界里的很多算法和基础理论，实现科学技术上的突破。

（四）数据科学和数据联盟的成立

未来，数据科学将成为一门专门的学科，为越来越多的人所认识。各大高校将设立专门的数据科学类专业，一批与之相关的新的就业岗位也将产生。与此同时，也将建立起跨领域的数据共享平台，之后，数据共享将扩展到企业层面，并且成为未来产业的核心一环。

（五）数据管理成为核心竞争力

未来，数据管理能力将成为企业的核心竞争力，企业对于数据管理也会有更清晰的界定。相关研究显示，数据资产管理效率与主营业务收入增长率、销售收入增长率有显著的正相关关系。此外，对于具有互联网思维的企业而言，数据资产的管理效果将直接影响企业的财务表现。

（六）数据质量是商业智能成功的关键

未来，采用自助式商业智能工具进行大数据处理的企业将会脱颖而出。其中要面临的一个挑战是很多数据源会带来大量低质量的数据。想要成功，企业需要理解原始数据与数据分析之间的差距，从而剔除低质量数据，并通过商业智能作出更好的决策。

（七）数据生态系统复合化程度提高

大数据的世界不只是一个单一的、巨大的计算机网络系统，而是一个由大量活动构件与多元参与者所构成的生态系统，这些参与者包括终端设备提供商、基础设施提供商、网络服务提供商、网络接入服务提供商、数据服务使用者、数据服务提供商、数据服务零售商，等等。而今，这样一套数据生态系统的基本雏形已然形成，接下来的发展将趋向于系统内部角色的细分，也就是市场的细分，从而使得数据生态系统复合化程度逐渐提高。

第四章　大数据时代的人工智能

第一节　人工智能与大数据的区别与联系

人工智能与大数据代表了互联网领域新的技术发展趋势，两者相辅相成，互促发展，既有区别又有联系。

一、人工智能与大数据的区别

人工智能与大数据的一个主要区别就是大数据是需要在数据变得有用之前进行清理、结构化和集成的原始输入，而人工智能则是输出，即处理数据过程中使用的智能技术。具体分析如下。

（一）达成目标和实现目标的手段不同

人工智能是一种计算形式，它允许机器执行认知功能，例如对输入起作用或作出反应。传统的计算应用程序也会对数据作出反应，但反应和响应都必须采用人工编码的形式。如果出现任何类型的差错，就像意外的结果一样，应用程序就无法作出反应。而人工智能系统则会不断改变它们的行为，以适应调查结果的变化并修改它们的反应。

支持人工智能的机器旨在分析和解释数据，然后根据这些数据来解决问题。通过机器学习，计算机会学习如何对某个结果采取行动或作出反应，并在未来知道采取相同的行动。

大数据是一种传统计算。它不会根据结果采取行动，而只是得出结果。它定义了非常大的数据集，在大数据集中，可以存在结构化数据，如关系数据库中的事务数据，以及结构化或非结构化数据。

（二）使用上有差异

应用大数据主要是为了获得洞察力。例如，一些网站可以根据人们观看的内容向观众推荐其可能感兴趣的电影或电视节目。因为其利用大数据，分析了客户的习惯以及他们的喜好。

人工智能可以帮助人们更好地进行决策。无论是自我调整软件还是检查医学样本，人工智能都会自动完成相应任务，与人类的处理方式相比较，其处理速度更快、错误更少。

二、人工智能与大数据的联系

人工智能与大数据虽然有很大的区别，但它们仍然能够很好地协同工作。人工智能不会像人类那样推断出结论，而是需要大量的数据作为支持。人工智能应用的数据越多，其得出的结论就越准确。在过去，人工智能由于处理器速度慢、数据量小而不能很好地工作，并且当时互联网还没有广泛使用，所以很难提供大量的实时数据。如今，人们拥有发展人工智能所需要的一切——快速的处理器、先进的输入设备、网络和大量的数据集。毫无疑问，没有大数据就没有人工智能。

例如，机器学习图像识别应用程序可以查看数以万计的飞机图像，以了解飞机的构成，以便将来能够识别它们。人工智能快速发展的关键是大规模并行处理器（特别是 GPU）的出现。GPU 是具有数千个内核的大规模并行处理单元，与 CPU 相比，它大大提高了现有的人工智能的计算速度。

第二节　人工智能与大数据的融合

一、人工智能与大数据的融合趋势分析

（一）大数据为人工智能的应用提供了大规模的多源异构数据

在大数据时代，人工智能系统使用的不再是样本数据，而是全量数据。有价值的数据量越大，人工智能得出的结论就越准确。正是有了大数据的数据规模，人工智能才有了质的突破。同时，人工智能的应用也反哺大数据平台更多的新数据，并通过对新数据的进一步分析，再次提高人工智能系统的智能化程度，形成良性循环。

（二）统一的数据分析与人工智能平台的融合

传统的大数据平台主要提供基于 CPU 与内存的分布式数据处理架构。近年来，随着人工智能技术及其应用的快速发展，新型大数据平台开始支持 GPU、GPU 与 CPU 混合计算、ASIC 等新的计算架构，以及 TensorFlow、PyTorch 等人工智能编程框架。统一数据分析与人工智能平台已出现融合趋势，如英特尔推出了面向 Apache Spark 的统一数据分析与人工智能平台 Analytics Zoo；

Databricks 联合微软公司推出了 MLflow，方便用户在大数据平台上快速开发、验证、部署人工智能应用。

（三）大数据分析技术与人工智能技术的关联与融合

大数据分析的核心技术是 SQL、统计分析与机器学习，而人工智能的核心技术包括以深度学习为代表的机器学习、知识图谱、逻辑推理和专家系统等。大数据与人工智能在技术上已充分融合。

（四）人工智能丰富了大数据的应用场景

传统大数据分析的主要是结构化、半结构化数据，缺乏对图像、视频、语音等非结构化数据的处理能力。而由数据驱动的人工智能技术提供了分析非结构化数据的能力。传统的数据分析实现了描述性分析、诊断性分析，而融合人工智能技术的大数据分析可以实现更智能化的预测性分析与处方式分析。

因此，人工智能与大数据的深度融合开始在各行各业中得到应用，未来发展人工智能技术更重要的是如何收集数据，从数据中学习，并制定智能化解决方案。

二、人工智能与大数据在标准方面的融合

（一）人工智能与大数据标准体系的融合

2017 年 10 月，在 ISO/IEC JTC 1 第 32 次全会上决议成立 ISO/IEC JTC 1/SC 42 人工智能分委会，并决议将 WG 9 大数据工作组及其研究项目转移至 JTC 1/SC 42 中，即将大数据标准化工作纳入人工智能标准化工作中。

2018 年 10 月，在美国加利福尼亚召开的 JTC 1/SC 42 人工智能分委会第

二次全会上正式成立 WG 2 大数据工作组，继续推进原 WG 9 工作组相关标准，并研究制定新的大数据标准。目前，JTC 1/SC 42 人工智能分委会包括五个工作组和一个联合工作组，分别为 WG 1（基础标准工作组）、WG 2（大数据工作组）、WG 3（可信度工作组）、WG 4（用例和应用工作组）、WG 5（计算方法和 AI 系统的计算特征工作组）及 JWG-AI（治理联合工作组）。我们从 ISO/IEC JTC 1 的标准体系布局中可以看出大数据标准与人工智能标准体系的融合。

（二）大数据标准为人工智能应用与标准化提供了支撑

数据驱动人工智能的核心是从大数据中自动学习规则，并作出正确决策。机器学习技术中的通用人工智能技术要求在人工智能生态系统中，将大数据作为人工智能系统的数据源，将云计算和边缘计算作为计算基础设施，并用数据训练各种机器学习模型。数据的质量关系到人工智能系统的可信度。因此，数据质量、数据处理、数据分析等标准化是人工智能应用的基础。目前，我国的大数据标准工作组已经制定了涉及数据质量、数据处理与分析的相应国家标准，这些标准为人工智能的应用与标准化提供了支撑。

第三节　人工智能大数据技术平台的构建

人工智能和大数据技术有非常密切的关系，利用大数据技术可以更好地进行机器算法分布式工作，并且延伸到人工智能方向。通过对现行大数据平台的技术手段与人工智能的创新形态进行融合，相关机构和研究者可以搭建新的技术管控框架系统。对于大数据平台本身在数据运行当中存在的安全隐私问题，可由人工智能技术来使管控机制升级，最终保障数据安全。在控制数据采集的过程中，可以选择其特征，并且分离认证身份和授权身份，从而更好地保证隐私不被外泄，维护用户的信息安全。

一、基于人工智能的大数据安全技术平台构建的背景及意义

伴随着技术的升级发展，人工智能、云计算、大数据作为代表性技术及创新手段，在市场经济中产生了巨大影响，为相关行业的发展拓宽了边界，实现了更具优势的数据化市场服务新生态。

在现代市场经济中，企业除了需要借助技术手段来提高自身控制水平和核心竞争力外，还需要研究新技术在当前时代背景下如何成为企业的核心价值，给企业带来更强的竞争力，从而完成资产变现的问题。数据质量是数据相关应用的基石。如何在数据量呈现指数增长的大背景下，统一数据标准、提升数据质量、深挖数据价值，并系统化推进数据资产管理，避免“数据湖”变为“数据沼泽”，是当下企业数字化转型过程中面临的共性问题。在耗费大量人力物力，积累了海量的数据，形成丰富的数据资产后，有价值的数据和数据的价值之间还存在着“最后一公里”，而这“最后一公里”又恰恰是整个企业数字化转型中最重要的一个环节。所以，如何构建一个安全、高效的大数据服务体系，推动数据服务生态的建设，让企业可以切实地从大数据中获益，是企业数字化转型的关键。

二、数据处理的历史发展和技术创新

现代信息技术在近十年来的快速发展中呈现多样化的新形态，移动互联技术的广泛应用为各行各业的发展带来了新的可能。很多企业在内部运营管理方面出现了数据量“井喷”的态势，数据总量呈现指数级增长。数据量的迅速增加，不仅给当前企业自身数据运营管理带来了巨大压力，也对数据处理的技术水平、手段和形式等提出了全新的要求。其中，新系统的搭建和数据处理系统的不断完善，除在一定程度上突破行业数据管理的困境之外，也在一定程度上造成了“数据孤岛”问题，给企业在实际的数据运营管理和系统维护过程中带来了技术危机，也使得数据管理的整体成本不断提高。伴随数据处理技术的不断发展，技术层面的数据转型经历了多个历史阶段，不同阶段的数据技术形态有着十分鲜明的时代烙印。

第一阶段的数据处理技术与大数据技术的发展相同步，其目的在于解决“数据孤岛”问题，实现更为快速的信息共享和平台化的汇集。技术领域出现了“数据湖”这一概念。“数据湖”的主要功能在于对各类数据进行平台化的汇集，形成多源且异构的数据形态。在这一阶段，数据标准化的建立需要完成多端对接，最终形成以企业、管理者为核心的数据中心。为了能够实现技术目标，数据存储主要以结构化的存储检索机制为主，在部分数据运营当中，会采用 API 和少量 SQL 技术的支持。不过，由于 SQL 的海量数据难以实现大数据平台的动态流动性迁移，导致数据运营处理中新业务面临更高的开发技术门槛，大数据的技术创新受到严重的阻碍。

进入第二阶段后，为了能够更高效地完成结构化的数据处理，技术层面通过分布式架构形式来对 IT 架构进行更新，使得上一阶段所面临的分布式数据难题得到解决。更多企业客户开始利用 Hadoop 来进行独立数据仓库搭建，技术手段的应用场景也更为广泛。同样，技术门槛也逐渐降低，分布式计算在数据处理中能够处理更为海量的信息数据。

当前，技术发展进入了新的阶段，部分企业在数据处理方面已经开始应用关系型数据库作为数据处理核心，通过大数据来实现处理体系的转变。部分企业的客户在数据处理过程中，逐渐获得了计算机学习算法等智能处理的数据分布技术创新，形成了针对结构化数据的人工智能学习挖掘。随着深度学习技术和分布式技术的彼此碰撞，新一代的数据处理计算框架逐渐形成。随着计算机算力的不断提升，配合深度学习的海量数据训练，人工智能技术手段能够实现结构化与非结构化的同步数据处理。其中，非结构化的数据，如人脸识别、车辆识别、无人驾驶等，成为当前数据处理技术创新的关键。与此同时，相比于传统的机器学习，人工智能技术的数据处理创新极大减少了数据处理对于特征工程以及业务领域知识的依赖，使得机器学习在实际应用中有更低的门槛和更高的普及率。与此同时，技术优势下的可视化拖拽页面、内容丰富的行业模板，以及个性化的交互体验等，使得人工智能的应用领域也更加广泛。

三、容器云技术的整合创新

在现代企业环境中，数据资源的实际使用逐渐从单纯的 IT 部门扩散到整个管理框架。更多内部项目组以及分支机构也成为数据平台的应用主体。随着数据处理技术的不断发展，不同部门之间如何进行资源隔离和管理分配，怎样避免出现调度失衡，如何提高基础服务能力、降低环境搭建成本、缩短开发部署周期、全面提高支撑效能等，成为当前亟待解决的技术性问题。

在实际管理过程中，如果难以实现有效的资源隔离，就会很难满足企业客户对于数据处理的现实需要。云计算技术在数据处理当中的重点应用，在于通过虚拟化的形式来实现资源封装，完成资源隔离，这也是云计算技术关注的重点。在容器云技术出现和广泛使用以前，云计算虚拟化手段所进行的资源封装存在加载操作系统资源利用率整体过低的问题，这导致在部分厂商的云平台构建方案中资源利用不够充分，最终影响管理效果。

随着技术的不断发展，微服务技术不断升级。其中，容器云所形成的分布式操作系统，能够有效实现集群化的资源封装和管理控制，可以通过重新进行容器编排，提供基于大数据的人工智能基础服务。其中，HDFS、NoSQL 等数据库为典型的分布式文件系统，这些数据库在提供基础服务的过程中，可以利用容器云编排来搭建公共服务层，完成数据仓库、数据集市或者数据图库等识别服务项目，为企业提供核心数据系统的管理服务。容器云技术通过资源隔离，实现了更为精准的类型资源分配，可以进行有效的高精度资源管理，满足了不同业务部门的平台化数据应用要求。

四、数据采集机制

依托安全技术平台的有效管控，部分企业提出了全新的安全漏洞控制方面的数据管理诉求，因此，应当不断加强数据采集工作过程中的漏洞管理，实现全方位、立体化的漏洞控制。在采集数据的过程中，需要结合不同网站的不同特征，利用网络代码、浏览器等进行数据采集，避免出现爬虫行为。结合平台中漏洞数据安全标准，可以更好地优化数据采集关键程序，并且定时、定期重启模块工作任务。在漏洞网页数据的爬取上，可以利用队列式的爬取方式，从而重新定义初始种子，结合网站漏洞数据的不同构造设计队列算法，再通过爬虫引擎的下载功能，完成网页数据的下载。在整个操作中，可以对比网页数据和定制关键字，从而更好地收集关键字搜索数据，保证漏洞数据的准确率。

五、数据特征提取与脱敏

在人工智能大数据安全技术平台构建的过程中，如果出现数据维度过高的现象，就会增加计算步骤或者出现叠加计算，最终导致维度特征不关联或者精度下降。有效解决维度难题的主要思路就是实现技术降维，也就是通过高维特征的冗余分析排除不关联数据，实现数据降维、降噪的目的，进而获得原始数据关键特征。计算机逻辑降维处理在数据认定中，会通过相关矩阵来实现数据绘制，再对绘制矩阵进行显著性验证，结合主题分析、现行识别和因子分阶来完成对数据特征的校验和有效评价，从中提取互联性更强的特征数据。

六、精细化访问的身份认证优化

针对网络环境的安全防护问题，身份加密和有效认证是常见的解决方式。身份认证作为准入机制，是通过访问用户识别筛查来实现加密的，通过加密技术所形成的数据，需要利用指定 IP 或者白名单身份来对其进行解密，从而满足获取数据的需求。在大数据平台中，可以借助网址路径来对不同身份的访问需求进行识别，所有访问身份会在网址当中形成临时身份，但是在实际的识别过程中，临时身份的识别和处理无法对用户的使用权限进行清晰的认定和分析，难以对是否为非法攻击作出准确判断。

为了解决这一问题，在平台化设计方面，可以采用身份识别认证和数据库授权相分离的原则，从而保证平台的授权用户均为合法用户。用户可以通过设定访问合法权限的方式来进行有效的身份认证。在数据信息的处理过程中，平台要遵循国家的相关法律法规，同时也要满足各项隐私策略协议，这对于数据平台的访问控制提出了更高要求。针对这一问题，笔者建议采用属性加密手段，针对加密数据建立灵敏度共享机制，来降低密钥管理的时间成本。

在对平台进行安全控制的过程中，可以应用访问控制体系下的大数据安全应用和灵敏共享方式，为访问用户提供更加灵活的数据共享机制，最终保证在数据访问和数据调用层面的细粒度上的安全。此外，对于平台访问，还可以灵活配置参数指标，针对涉密数据进行实时访问的内容记录，以日志的形式对事件顺序、资源修改等进行精确记录，从而形成更为完整的数据安全分析链条，确保对各类非法访问的行为特征进行有效控制。

第五章　人工智能的行业应用

第一节　智慧交通

随着社会经济和科技的快速发展，城市化水平越来越高，机动车保有量迅速增加，交通拥挤、环境污染、能源短缺等问题已经成为世界各国面临的共同难题。无论是发达国家还是发展中国家，都毫无例外地被这些问题所困扰。智慧交通以现代信息技术为手段，全面提升了交通管理和服务水平，使人、车、路密切配合，发挥协同效应，提高了交通运输效率，保障了交通安全，改善了交通运输环境，提高了能源利用效率。

一、智慧交通的概念

智慧交通是在智能交通的基础上，融入物联网、云计算、大数据、移动互联等高新技术，通过高新技术汇集交通信息，提供具有实时交通数据的交通信息服务。智慧交通大量使用了数据模型、数据挖掘等数据处理技术，提升了交通的系统性与实时性、信息交流的交互性，以及服务的广泛性。

智慧交通主要满足交通实时监控、公共车辆管理、旅行信息服务和车辆辅助控制四个方面的应用需求。智慧交通应用于公路、铁路、城轨、水运和航运等领域，例如车联网、机场数字化调度、高速公路光纤联网和地铁免费 Wi-Fi 等。位置信息、交通流量、速度、占有率、排队长度、行程时间、区间速度等都是智慧交通最为重要的数据。物联网的大数据平台在采集和存储海量交通数据的同时，可以对关联用户信息和位置信息进行深层次的数据挖掘，发现隐藏在数据中的价值。

二、智慧交通系统及其关键技术

（一）智慧交通系统

智慧交通系统是将先进的信息技术、计算机技术、数据通信技术、传感器技术、电子控制技术、人工智能技术、云计算技术、物联网技术和大数据处理技术等运用在交通运输、服务控制和车辆制造等方面，加强车辆、道路、使用者三者之间的联系，以保障安全、提高效率、改善环境、节约能源的综合运输系统。智慧交通系统是未来交通系统的发展方向，它将建立一个大范围、全方位发挥作用的，实时、准确、高效的综合交通运输管理系统，使交通系统在区域、城市甚至更大的时空范围内具备感知、互联、分析、预测、控制等能力，充分保障交通安全，发挥交通基础设施效能，提升交通系统运行效率和管理水平，为通畅的公众出行和可持续的经济发展服务。

（二）关键技术

智慧交通中融入了物联网、云计算和人工智能等高新技术来汇集和处理信息。智慧交通中的关键技术有如下几种。

1.智能识别和无线传感技术

智能识别和无线传感技术是感知和标识物体最重要的技术手段，是智慧交通系统建设的基础。智能识别即在每个物体中嵌入唯一识别码，识别码可以利用条码、二维码等有源或无源标签实现，这些标签中含有物体独特的信息，包括特征、位置等，这些信息被智能设备读取并上传至上层系统进行识别处理。无线传感网络是部署在目标检测区域内的，由大量传感器节点构成的传感器网络，节点之间通过无线网络交换信息，具有灵活、低成本和便于部署的优势。

在智慧交通网络中，传感器分布在采集节点和汇聚节点，每个采集节点都是一个小型嵌入式信息处理系统，负责环境信息的采集处理，然后发送至其他节点或传输至汇聚节点。汇聚节点接收到各采集节点传来的信息并进行融合后，再将其传送至上一级处理中心。

2.云计算技术

智慧交通中的云计算技术主要面向交通服务行业，通过充分利用云计算的海量存储、信息安全、资源统一处理等优势，为交通领域的数据共享和有效管理提供了便利。云计算是指将大量高速计算机集中在网络平台上，构成一个大型虚拟资源池，为远程上网终端用户提供计算和存储服务的技术。用户只需要事先租用云计算服务商提供的服务器，便能根据需要自由使用云端资源，而不需要购买任何软硬件。智慧交通中的云计算技术还可以为用户提供按需使用的虚拟服务器，以及直接用于软件开发的应用程序界面或开发平台。智慧交通云计算平台可以实现海量数据的存储、预处理、计算和分析，能有效地缓解数据存储和实时处理的压力，在智慧交通领域发挥了巨大的作用。

3.数据处理技术

在智慧交通中，数据的海量性、多样性、异构性决定了数据处理的复杂性，从交通设施及来往车辆数据的采集，到交通事件的判定检测，都需要对数据进行实时、准确的处理。在智慧交通中，常用的数据处理技术有数据融合、数据挖掘、数据活化等。数据融合是一种涉及人工智能、通信、决策论、估计理论等多个领域的综合性数据处理技术，能从数据层、特征层和决策层对多源信息进行探测、通信、关联、估计和分析。数据融合涉及的传感器种类较多，融合之前还需要对数据进行时间和空间的预处理。数据挖掘可以从海量的独立数据中发掘出真正有价值的信息，将那些有噪声的、模糊的、无规律的数据处理成有用的数据。数据活化是一种新型的数据组织和处理技术。数据活化最基本的单位是“活化细胞”，即兼具存储、映射、计算等能力，能随物理世界中数据描述对象的变化而自主演化、随用户行为对自身数据进行适应性重组的功能单元。数据活化将为交通领域带来一场颠覆式的变革。未来的智慧交通将逐渐朝着数据驱动的方向发展，通过数据分析结果来了解城市的交通情况，为居民提供导航、定位、公告、交通引流等服务。

4.系统集成技术

不同省区市、不同部门、不同场景的智慧交通系统处于分散状态，无法共享数据，这导致智慧交通系统无法充分发挥其应有的作用。

智慧交通领域的系统集成可分为数据集成和设备集成。数据集成有两种应用方式，一种是单个平台系统内部数据的融合，如车辆检测模块中多个传感器信息的融合处理，另一种是多平台多传感器不同时期相关数据的分析处理，通过融合得到潜在数据并对交通信息进行预测。相关部门可以制定统一的智慧交通标准体系和管理规范，建立规范的管理平台，将智慧交通产业链中的政府资源、企业资源、科研资源融合在一起，然后由大型企业牵头，协调智慧交通产业的发展，最终形成完整的智慧交通管理体系。

三、智慧交通的应用

交通是城市经济发展的动脉，智慧交通是智慧城市建设的重要组成部分。智慧交通能缓解交通拥堵，改善城市交通状况，最大限度地发挥城市交通效能。随着5G、物联网、人工智能、大数据等技术的驱动，智慧交通的建设进入快速发展阶段。智慧交通的主要应用领域有以下几种。

（一）自动驾驶

自动驾驶系统采用先进的通信、计算机、网络和控制技术，对汽车实现实时、连续的控制。成熟的自动驾驶技术不仅能减少交通事故，还能改善交通拥堵的情况。

（二）车联网

车联网技术将车辆位置、路线、速度等信息发送到智能联网平台，系统会自动为车辆安排最佳行驶路线，避免走错路、迷路、堵车等问题，减少了人们查询和规划路线的时间。车联网技术不但拥有导航功能，还有车辆检测、远程控制、位置提醒、车辆定位等功能，赋予车辆通过网络互通互联、进行信息交换的功能，给人们的出行带来颠覆性的变革。

（三）智慧交通监控系统

随着监控系统的广泛部署，先进的视频监控技术手段在智慧交通中发挥了重要作用。可视化交通是发展趋势。通过智慧交通监控系统，交管人员可以对车辆与行人进行信息化的搜索分析，指挥调度车辆，对危险运输进行管理，为应急救援提供服务。智慧交通监控系统通过对交通路况的监控，全面监视城市的每一个交通枢纽，通过视频分析对监控画面中的机动车、非机动车和行人进行分类，对车辆特征进行辨认，为交通状况监控、交通肇事逃逸追捕、刑事治安案件的侦破等提供线索和证据，大大地提高了交通管理水平以及办案成功率。

（四）智慧路灯

智慧路灯作为智慧城市的重要数据入口，集照明、监控、环境监测、LED

显示、一键报警、交通指示等功能于一体，对交通路况的监测、指挥有重要的作用，还可以帮助人们在需要求助时报警，系统平台可以快速地定位报警人员的位置，并且可以通过灯杆上的显示屏与报警人员进行视频通话。智慧路灯系统可以实现按需照明，通过实时采集照明数据，单独调节每一盏路灯的亮度，为城市节能。未来，还可以依托智慧路灯系统建立城市物联网系统，各类应用可全方位地接入物联网。

（五）智慧停车

在城市生活中，经常遇到停车难问题。很多车辆因各种原因只能停在路边，这会影响其他车辆的正常通行，给城市交通带来压力。智慧停车系统可以提高车位的利用率，提升停车效率，而且收费透明。

（六）高速公路移动支付

为了缓解由于现金支付等造成的行车速度慢、收费口堵车等问题，移动支付等更便捷的“无感支付”方式被大力推行。无感支付中有两个代表性的支付方式：扫码付和车牌付。扫码付是指车主可在无感支付车道使用微信、支付宝、银联等第三方支付方式进行支付。车牌付包括 ETC 不停车收费，以及入口处领通行卡、出口处交还通行卡两种方式。系统自动识别车牌并完成后台扣费后，还会推送通行和缴费信息到用户的手机上。这在极大程度上缓解了收费处人员的工作压力。

第二节　智能教育

大数据和人工智能技术正在提升教育的个性化、规模化和效率化。“人工智能＋教育”是人工智能技术对教育产业的赋能。

一、智能学习管理

人工智能在学习管理领域发展得较为成熟，相关服务及产品包括拍照搜题、分层排课与自适应学习、伴读机器人等。这些业务主要以计算机视觉、语音交互等技术为核心，帮助学生完成学习管理。

（一）主要应用

1.拍照搜题

拍照搜题是基于 AI 技术的图像和文字识别技术，可实现图片与文字的识别转换，可识别图形符号和复杂公式等内容，进而快捷、高效地匹配题库。该技术具备快速精准搜题、高效切题组卷、建立校本题库、智能标注考点、观看习题讲解、系统诊断错题、1 对 1 在线辅导、产品定制等功能。

拍照搜题功能从技术的实现角度上来看，主要有以下两种应用形式。

第一种形式是以图搜图，即让平台中的题库同样按照图片的格式存储，当平台处理一个用户拍摄上传的解题需求时，通过计算用户所上传题目图片的特征，进行搜索排序，从题库中找到最具相似特征的图片，该图片通常就是用户所搜索的题目。这种方案本质上是基于计算机视觉特征识别的匹配检索技术。

另一种更为先进的应用形式是基于深度学习的光学文字识别。这种形式支持手写公式识别，可以完成加减乘除的基本运算，可解一元一次方程、一元二次方程和二元一次方程组。

2.分层排课与自适应学习

人工智能系统根据学生现有的知识、能力水平和潜力，可以把学生科学地分为各自水平相近的小组，并提供差异化服务。同时，人工智能系统可在线收集、统计学生的选课数据，为学生安排适合他们的课程。学生在这种分层策略与针对性排课下能得到更好的发展。基于智能搜索技术，系统能够依据学生的学习进度与效果进行评估，针对所有课程进行对应匹配搜索，同时还能以课程资源、教师资源、课时安排为约束进行策略输出，并在学习过程中根据学生的测评结果，实时调整课程安排。

3.伴读机器人

伴读机器人是以语音识别、语音交互等技术为基础，拥有代替家长与孩子进行交流、诵读书目、讲故事等功能的机器人。伴读机器人的核心价值在于它能理解用户的需求，帮用户快速、准确地找到相关学习内容。用户可与伴读机器人直接进行语音交互，系统通过语音识别理解用户意图，通过机器学习掌握用户偏好，搜索数据库，将答案反馈给用户。有些伴读机器人还具有视觉识别功能，能够分辨孩子是否离开、所处环境是否有危险等。

（二）应用实例

阿凡题是专注基础教育领域的拍照答题类 App。用户拍下题目并上传，几秒钟之内服务器就能从题库中搜到解题步骤和答案，国内同类产品还有作业帮、学习宝、小猿搜题等。

阿凡题曾推出“阿凡题-X”，并将其定义为“拍照计算器”。它通过引入人工智能技术，使得该产品摆脱了同类产品传统上对题库的依赖，从“拍照搜题”1.0时代进入了“拍照解题”2.0时代。当然，这一产品还存在很多局限性，需要进一步完善。

二、智能学习测评

（一）主要应用

学习测评是学习活动中次外围的学习环节，基于学习测评的效果反馈能够让教师掌握学生的学习进度与学习效果，实时调节教学安排。基于人工智能的学习测评主要体现在口语测评、组卷阅卷等具体活动中，多采用语音识别、图像识别、自然语言处理等技术，目前应用最多的是口语测评。

口语测评是语言学习的重要组成部分。口语测评系统可替代教师对学生进行口语陪练，可辅助口语等级考试测评及评分统计等相关工作。目前，其功能主要有音标发音、短文朗读、看图说话、口头作文等。在测评中，系统通过语音识别等技术获取用户语音，同时匹配语音大数据，并通过语音计算模型得出发音得分，为口语测评提供语音、语调、情绪表达等多种统计指标。

（二）应用实例

“流利说®英语”是上海流利说信息技术有限公司的主打产品。在英语课堂正式开始前，用户需要进行定级测试，定级后系统会推送相应水平的课程。课程的学习材料形式通常为音频，有时会辅以图片，中间还会穿插听写、排序、语音跟读等练习环节。

三、智能教学辅助

教学辅助是学习过程的次核心环节，人工智能能够为学生与教师提供学习与教学方面的一系列辅助，如智能批改、作业布置、个性化教案、AI课堂等。

（一）主要应用

1.智能批改

在智能批改中，作文批改、作业批改是较为热门的选项。智能批改完整的流程是由教师线上布置作业，到人工智能自动批改，并生成学情报告和错题集，再到对教师、家长和学生进行反馈，并根据学生的学习情况进行习题推荐。智能批改需要利用智能图像识别技术对手写文字进行识别，深度分析词与段落表达的含义，并对逻辑应用进行模型分析。相对于人工批改，智能批改可以及时标注错误内容和错误原因，批改速度更快。

2.作业布置

作业布置主要体现了人工智能的自适应特性。人工智能系统可以根据学生以往的学习情况、测试成绩、错题情况、学习进度、作业完成度等具体数据，智能识别当前学生的学习阶段，并匹配下一轮的作业内容，然后根据作业批改的结果对下一轮作业布置进行预测。学生能通过智能作业布置实现个性化学习，有针对性地对薄弱环节进行训练、提高。

3.个性化教案

人工智能可基于学生的学习情况，通过计算机视觉、自然语言处理、数据挖掘等技术，为老师生成个性化教案，节省老师用于备课的时间与精力，同时也为教育资源匮乏地区教师的备课提供方向与建议。

4.AI课堂

2011年起，“智慧课堂”产品开始在市场上涌现，这类产品强调的是基础数据整合，旨在利用大数据分析学生的错题情况，具有基础的语音朗读和评测能力。2016年后，具有AI语音、视觉模式识别能力的产品开始进入课堂，AI课堂质量监测开始引起人们的关注。这类产品可以通过表情识别、语音识别、姿态识别等技术分析学生听课的专注度。未来，为了进一步顺应课堂教学改革的需求，发挥互动课堂、翻转课堂等教学模式的优势，AI课堂将继续进阶，下一阶段，AI 辅助的策略化点播和发散性学习将是其需要重点努力的方向，未来，AI课堂则可能帮助教师实现真正的个性化教学。

（二）应用实例

“批改网”是一个以自然语言处理技术和语料库技术为基础的在线自动评测系统。它可以分析学生英语作文和标准语料库之间的差别，进而对学生的作文进行即时评分，并提供改善性建议和内容分析结果。这个系统不但可以提供作文的整体评语，还可以按句点评，并在有语法、用词错误，表达不规范的地方给予反馈提示，为学生提供修改建议。

四、智能教育认知与思考

传统的教学是以教师经验来驱动的，教师通常会遵循一定的节奏，根据以往的教学经验进行课堂教学。但不同老师对学生学习情况的判断是不一样的，这导致他们为学生制定的教学计划也不同。再者，两个老师即使经验值相等，也会在脾气秉性、教学风格、薪酬期待上有所差异，这些因素也可能影响教学效果。人工智能自适应学习系统旨在聚集并量化优秀教师的宝贵经验，以数据和技术来驱动教学，最大化地缩小教师水平的差异，提高整体教学效果。人工智能可以通过一系列的测评、规划、挖掘、推送等自适应活动，完成智能的认知与思考过程，具体体现为以下三点。

（一）规划学习路径与推送学习内容

人工智能通过自适应测评初步了解学生情况，通过智能规划学习路径来进行针对学生的课程备课，然后匹配算法，完成学生进度与学习内容的计划安排，还能进行学习内容的智能推送。

（二）侦测能力缺陷与学习进度

人工智能可基于学生的学习过程对其学习结果进行测试，还可基于学习环节与练习环节自动挖掘问题，发现教学漏洞，并通过最后的自适应评测评估教学效果，为学生的下一轮学习作智能规划与资料推送准备。整个认知思考过程应用了自适应测评、数据挖掘等技术。

（三）智能组卷

人工智能基于学生的学习情况，针对当前学生的学习进度匹配题库，在对题库已有数据进行分析组合后，能生成满足个人不同需求的练习试卷。它还可以通过机器学习算法，以用户个人历史使用数据、学生过往错题为参照，在进行智能分析的基础上，生成具有较强针对性的试卷。

第三节　智慧物流

随着物联网、互联网、通信网等技术的发展，尤其是大数据和云计算技术的广泛应用，传统物流业开始向现代物流业转型，智慧物流应运而生。

一、智慧物流的概念

由于“智慧物流”这一概念还比较新，所以迄今为止学术界还没有完全取得共识，仍存在着理解上的差异：一种观点把“智慧物流”看成一个名词，认为它是一种确定的、高水平的物流形态；另一种观点把“智慧物流”看成“有智慧的物流”，其中的“智慧”作为形容词，仅仅是对某一项具体物流的形容或判断。

很多学者都在探讨物流的发展问题，提出了各种各样的看法，进行了多方面的探索，“智慧物流”便是人们为物流指明的新的发展方向。现在，“智慧物流”已经成为经济和物流领域全新的、超前的物流理念，是创新的产业形态与运作形态。

物流策划专家李芏巍认为，智慧物流是将互联网与新一代信息技术应用于物流业中，实现物流的自动化、可视化、可控化、智能化、信息化、网络化，从而提高资源利用率的服务模式和提高生产力水平的创新形态。

王之泰教授认为，智慧物流是将互联网与新一代信息技术和现代管理应用于物流业，实现物流的自动化、可视化、可控化、智能化、信息化、网络化的创新形态。“智慧”的获得并不完全是技术方面的问题，应增加管理的内涵，要防止把技术问题绝对化。

贺盛瑜教授从管理视角出发，认为智慧物流是物流企业通过运用现代信息技术，实现对货物流程的控制，从而降低成本、提高效益的管理活动。

笔者认为智慧物流是以“互联网＋”为核心，以物联网、云计算、大数据及“三网融合”（“三网”指传感网、物联网与互联网）等为技术支撑，以物流产业自动化基础设施、智能化业务运营、信息系统辅助决策和关键配套资源为基础，通过物流各环节、各企业的信息系统无缝集成，实现物流全过程可自动感知识别、可跟踪溯源、可实时应对、可智能优化决策的物流业务形态。

二、智慧物流的主要特征与驱动因素

大数据等新技术在物流行业的应用使得新模式不断涌现，为智慧物流的发展打下了坚实的基础，不仅推动了电子商务领域的发展，还极大地推动了物流领域的发展。

（一）智慧物流的主要特征

智慧物流是将大数据、物联网、云计算等信息技术应用于物流的各个环节，使物流系统模仿人的思维，全程采集信息、分析信息并作出决策，自动解决物流过程中存在的障碍的物流系统。

1.智能化

在大数据、人工智能背景下，自动化技术不断创新。智能化贯穿了物流全过程，涵盖可视化监控、图像分类、自动分拣、对象检测、目标跟踪、线路优化、数据预判、物流配送等方面。

2.个性化

现代社会，消费者对独特、另类、个性服务的需求逐渐增加，即需要独具一格的增值服务。在生产服务领域，智慧物流基于智慧化理念，以用户大数据为核心，可明确用户的个性化需求，并为其提供具有针对性的服务。

3.一体化

智慧物流的一体化特征是指随着技术应用、数据共享、信息互通的不断完善，企业与用户的距离越来越近，其基础是大数据的采集、处理、利用。智慧物流服务一体化将分散的各个环节集合优化，减少运输能耗，提高企业经济效益和物流服务质量。

（二）智慧物流的驱动因素

1.“互联网＋”物流业的大力推进

大数据等现代技术将发挥巨大力量，物流行业将以新的模式、新的面貌发展演变。2015 年以来，我国各级政府先后出台了鼓励物流行业向智能化发展的政策，给物流行业的发展带来了丰富的想象空间，为智慧物流模式带来了创新机遇。智慧物流可发挥互联网平台实时、高效、精准的优势，有效提高物流行业的管理效率，降低成本，实现运输工具和货物的实时在线化、可视化管理，激发市场主体的创新活力。

物联网在物流智能化过程中充分发挥其优势，使物流产业沿正确的方向快速发展，重点发展了高效的现代化物流模式。主要体现在：总结推广配送试点经验，培育了一批具有资源整合功能的城市配送综合信息服务平台；将北斗导航定位等技术与智能化物流网络深度融合，建设智能化物流体系。

2.新商业模式涌现，对智慧物流提出要求

近年来，电子商务、新零售等各种新型商业模式快速发展，爆发式增长的业务量对物流行业的包裹处理效率、配送成本提出了更高要求。

由用户需求驱动生产制造，企业可以去除中间流通环节，为用户提供高品质、价格合理的商品。在这种模式下，消费者诉求将直达制造商。这对物流的及时响应与匹配能力提出了更高的要求。

3.物流运作模式革新，增强智慧物流需求

在大数据时代，物流行业改变了原来的市场环境和运输流程，推动建立新模式和新业态，如车货匹配、众包运力等。信息化水平的提升激发了多式联运的发展，新的运输模式正在形成，与之相适应的智慧物流快速发展。

车货匹配可分为两类：同城货运匹配、城际货运匹配。货主发布运输需求，平台根据货物属性、距离等智能匹配在平台注册的运力，提供各类增值服务。这对物流的数据处理、车辆状态与货物的精确匹配度能力要求极高。

运力众包主要服务于同城货运匹配市场，由平台整合各类零散的个人资源，为客户提供即时的同城配送服务。平台的智慧物流内容包括如何管理运力资源，如何通过距离、配送价格、周边配送员数量等信息进行精确的订单分配，以期望为消费者提供最优质的客户体验。

多式联运包括海上运输、公路运输、航空运输等多类型多式联运组织模式。在“一带一路”倡议落实过程中，多式联运迎来了加速发展的重要机遇。由于运输过程涉及多种运输工具，为实现全程可追溯和各种运输方式之间的贯通，信息化运作十分重要。同时，无线射频、物联网等技术的应用大大提高了多式联运换装转运的自动化作业水平。

4.仓内技术、无人机技术、智能数据底盘等智慧物流相关技术日趋成熟

仓内技术主要是机器人技术，主要应用于自动导引运输车、无人叉车、货架穿梭车、分拣机器人等，协助仓内进行搬运、上架、分拣操作，可有效提升仓内的操作效率，降低成本。

无人机技术主要应用于干线无人机与配送无人机两类。其中，配送无人机的研发已较为成熟，主要应用于配送末端“最后一公里”的配送服务。

智能数据底盘技术可对商流、物流等数据进行收集、分析，主要应用于需求预测、仓储网络、设备维修预警等方面。

三、智慧物流的功能体系

智慧物流从宏观、中观和微观的角度看，其功能体系包括三个层面，即智慧物流商物管控、智慧物流供应链运营管理和智慧物流业务管理。

（一）智慧物流商物管控

从智慧物流宏观层面分析，智慧物流商物管控包括物品品类管理、物流网络管控和流量流向管控。这里的“商物”主要包括商品、物品、产品、货物及物资等。物品品类管理，如农产品物流、工业品物流等的管理，是保障供需平衡的基础；物流网络管控中，对物流网络的节点和通道的管控，是供需衔接的关键；流量流向管控，即把握物流动态，以预测、规划、调整各类商物的供需。

（二）智慧物流供应链运营管理

从智慧物流中观层面分析，智慧物流供应链运营管理包括采购物流、生产物流、销售物流和客户管理。

智慧物流供应链运营管理将采购物流系统、生产物流系统、销售物流系统、客户管理系统智能融合，提高了企业效益。

（三）智慧物流业务管理

从智慧物流微观层面分析，智慧物流业务管理包括智能运输、自动仓储、动态配送和信息控制等内容。智能运输将先进的信息技术、数据通信技术、传感器技术、自动控制技术等综合运用于物流运输系统，实现了运输环节的运输计划、运输执行及运输结算的自动化管理、监控、信息采集和传输；自动仓储运用自动分拣系统和信息技术，实现了对入库环节物流信息的采集、入库流程的安排，对库内货位信息、实时动态情况的监管和定期盘点，对出库环节备货、理货、交接和存档等进行自动化和智能化处理和即时信息采集传输；动态配送是基于对即时获得的交通条件、用户数量及分布、用户需求等相关信息的采集、传输和分析，制订动态的配送方案；信息控制主要运用大数据等技术，通过对物流信息的全面感知、针对性采集、安全传输和智能控制，实现物流信息控制，可进一步提高整个物流运输链的反应速度和准确性。

四、优秀案例：京东——打造智能化商业体

京东是中国知名的自营式电商企业。自 2004 年正式涉足电商领域以来，其一直保持着大幅领先于行业平均增速的发展态势，2015 年营收达到 1 813 亿元，并于 2016 年入选《财富》全球 500 强，成为中国首家入选该榜单的互联网企业。

京东的成功离不开物流自建这一前瞻性战略。一直以来，京东将物流作为核心竞争力之一，投入巨资建设物流体系，目前已打造了中国电商领域规模最大的物流网络，仓储面积超过 460 万平方米。京东推出了多项创新物流服务，如极速达、半日达等，不仅成为中国电商行业的标杆，还领先于全球同行。

为了更好地服务自营业务，以及平台商家和其他品牌企业，京东自 2007 年开始，不遗余力地建设其自有物流系统。近年来，京东在现有功能强大的物流配送体系基础上，更是不断加大对智慧物流的投入，旨在研发智能科技产品，建设智能化零售基础设施，并对行业前沿、高端的智能设备、智慧系统进行全方位、立体化的研究与创新。

2017 年 10 月，京东集团与天津市滨海新区人民政府、天津经济技术开发区管理委员会签订战略合作协议，双方将共建“京东智慧物流产业集群及全国新一代人工智能应用示范基地”。提升智慧物流产业生态链中各环节的开放赋能水平，有效推动智慧物流与金融、医药、高新技术等行业的融合，并吸引代表未来趋势的人工智能、机器人、智慧物流等领域的人才。

京东的智能物流应用主要包括以下几个方面。

（一）无人机

为了让无人机成为解决物流配送“最后一公里”难题的利器，从 2015 年起，京东无人机已然打通了无人机产业链的上下游，打造了无人机共生生态圈。作为行业的引领者和推动者，京东无人机在技术研发、场景应用、模式探索、地域布局、行业标准制定等方面一直走在全国前列。京东提出“干线—支线—末端”三级无人机智慧物流体系。截至 2018 年，京东无人机在陕西、江苏等部分地区已经实现常态化运用。

截至 2018 年 3 月，仅在江苏和陕西两省范围内，京东无人机已经累计配送超过 15 000 架次，总航时超过 29 万分钟，运营规划近 200 条航线。目前，基于海量飞行数据和配送样本的无人机配送“京东标准”正在形成。京东无人机支、干线物流网络的建成，将是国内电子商务零售基础设施的有益补充与重要创新，其将城乡物流网络连接为一个整体，在即将到来的第四次零售业革命中，带动产业链上下游合作共赢，成为驱动整个零售业不断优化的核心力量。

（二）无人车

2018 年，京东开启了全场景常态化配送货物的首次尝试。随着京东平台发出配送命令，首批载有“6·18”订单的京东配送机器人依次发出，预示着快递无人配送时代的来临。京东无人车在送货过程中，全程都走非机动车道，由人工智能算法驱动的雷达＋传感器进行 360 度环境监测，自动规避道路障碍与往来的车辆与行人，还能识别红绿灯信号并作出相应决策。京东无人车最高速度为 15 千米/时，在一定程度上拓宽了无人车的服务范围。在即将到达目的地时，后台系统将取货信息发送给用户，用户可自由选择人脸识别、输入取货码、点击手机 App 链接三种方式取货，在用户取走快递之后，无人车又会赶往下一个地点。

2018 年，京东正式发布全自主研发的 L4 级别无人重卡。该车车长 9 米，高 3.5 米，宽 2.5 米，车厢长度约为 14 米，自动驾驶达到 L4 级别，无人操作即可自动完成高速行驶、自动转弯、自动避障绕行、紧急制动等绝大部分有人驾驶功能。通过车顶、车身搭载的多个激光雷达以及摄像头等多传感器融合，无人重卡可以实现远距离范围内的物体检测、跟踪和距离估算，自动判断并做出驾驶行为。通过视觉定位技术和高精地图的结合，现有方案已经实现车辆的厘米级的定位。京东无人重卡已经完成了 2 400 小时的智能驾驶超级测试，在中国完成了商业化试运营部署。

（三）人工智能写作

2018 年 4 月，京东重磅推出人工智能写作项目“莎士比亚”系统。该系统在借鉴传统 NLG 和语言模型方法的基础上，基于京东集团自身在商品标签和搜索数据库层面积累的大数据，从句子层面做结构解析、训练模型和语言生成。京东上线的这套人工智能文案系统，已经具备类似人类记忆的“神经元”功能，用户使用过程中最终选定的文案，系统会自动“存储记忆”；用户挑选的文案，机器在下次类似检索时将排在靠前位置；用户未挑选的文案，机器在下次类似检索时将排在靠后位置或者不再推荐；用户做的批注修改，系统也会“记忆”，用来改善下次生成的文案质量。简言之，“莎士比亚”系统可根据用户矫正行为，实现机器自己优化算法。

同年 7 月，京东人工智能领域的“莎士比亚”AI 智能文案系统 2.0 正式上线。与之前版本相比，2.0 系统可生成完整的文案段落。在语言表达上更贴切，描述更为精准与切题，此外表达的方式也更加丰富。

众所周知，相较于单句文案写作，段落文案的生成难度，无论是底层数据库支撑，还是算法难度上都更具挑战性，不仅要考虑句子与句子之间的起承转合，还需保证各分句之间围绕同一主题进行描述，否则生成的文案有可能出现不切题、句与句之间自相矛盾的问题。2.0 系统打破了这一瓶颈，在长文案写作上迈出了坚实的一步。

第四节　智能家居

智能家居为人们提供了更安全、更舒适、更高质量的居住环境。智能家居通过对通信技术、智能控制技术、自动化控制技术进行综合运用，将包括智能家电、家具、安防控制设备等在内的硬件，与包括控制系统、云计算平台在内的软件，共同组成了一个家居生态圈，通常可以起到提高人们的生活质量，降低能源消耗等作用。智能家居可实现的功能有用户远程控制设备、设备互联互通、远程监控，以及通过收集、分析用户数据对家居环境进行优化等。

一、智能安防

传统的家居安防仅限于防火、防盗，并且往往和其他家居功能割裂开来，未来的智能家居将向多功能、一体化、全屋系统方向发展。目前，智能安防通常被视为家居物联网体系中的重要一环，其将烟雾和燃气传感器、智能监控摄像头、网络报警灯系统集成在一起，能够让使用者在一个操作平台上一次性解决多种问题。例如，通过人脸识别可判断对方是可疑人物还是可信任对象。近期发布的各式居家机器人也能够实时监控家中的环境，既可基于语音交互技术实时反馈家中的安全问题，也可进行更多、更复杂的操作，如网购、打电话、操控其他设备等。

二、智能家电

智能家电系统能够串联所有基于人工智能的家电产品，用户可通过智能音箱进行语音控制，实现听音乐、获取信息、辅助生活管理等功能，还可通过音箱语音控制家中其他智能家电或者智能受控设备。除了让音箱成为家庭中控，电视等家电设备也可拥有独立的语音控制系统，实现音量调整、频道更换、快进后退、资源搜索等功能。计算机视觉技术可以实现对电视视频内容的识别，用户可及时了解其感兴趣的演员信息。监控系统中的监控摄像机也可搭载视觉算法，实现智能追踪、移动物体识别、音响关联等功能，有效保障家庭财产安全。机器人技术的逐步发展还使儿童机器人、陪伴机器人等产品日益受到家长的欢迎，它们能够让孩子在互动娱乐中轻松学习，寓学于乐。除此之外，还有承担家务的工作机器人等。

三、智能家居的应用实例

小米智能家居是围绕小米手机、小米电视、小米路由器三大核心产品，由小米生态链企业的智能硬件产品组成的一套完整的闭环系统。该系统包括智能家居网络中心小米路由器、家庭安防中心小米智能摄像机、影视娱乐中心小米盒子等产品，可轻松实现智能设备互联，为用户提供智能家居简单操作、无线互联的应用体验。

第五节　智能工业

智能工业主要包括以下几类：智能研发设计、智能工业生产制造、智能工业质检、智能工业安检、智能设备维护等。其中，智能工业质检与智能工业安检是人工智能在制造业领域成熟度最高的应用，利用图像识别与深度学习技术可以解决传统质检人工成本高、无法长时间连续作业、只能抽检等问题，进而大幅提升产品的质检效率和准确率。

一、智能研发设计

（一）主要应用

研发设计是生产周期中的首要环节。人工智能助力智能研发设计主要体现在对研发过程中的市场产品需求预测与智能设计软件两方面。市场产品需求预测的重点是基于销售数据建立用户画像模型，从而预测产品的销售情况。人工智能的解决方案包括：通过智能终端获取用户数据；通过用户数据建立用户画像；通过建模参数优化给出预测的营销支撑数据，判断客户的购买意愿；针对不同客户群体优化销售、营销策略等。其难点及风险主要为用户数据标准化程度低、客户行为分析难度较高、用户数据多、涉及个人隐私及商业机密、数据获取困难等。

智能研发设计主要是使用智能助手，为设计师提供满足相关标准的设计参数或设计方案建议。其解决方案包括：根据国标及行业标准，建立标准件参数库；以成熟产品的设计参数建立数据库，对不同类型产品参数进行分类；以分类后的参数库作为训练样本，对深度学习算法进行训练；在用户开启智能功能时，为非标准件提供参数建议；基于知识图谱组建智能研发设计模块。具体难点及风险包括：国标及行业标准数据繁杂，机器学习样本分类难度大；直觉型AI的稳定性和可解释性较差，应用效果难以保证；技术推广前期市场接受程度较低。

智能设计能够缩短设计周期，减轻设计师的工作负担。基于知识图谱的智能设计模块还能够避免因设计失误而造成的设计方案反复修改问题，提升产品的市场竞争力。

（二）应用实例

Autodesk（欧特克）是著名的设计软件 AutoCAD 的供应商。基于人工智能算法，Autodesk 推出了新一代的智能 CAD 设计系统 Dreamcatcher（捕梦者）。Dreamcatcher 是一个生成性设计系统，它使设计师能够通过条件和约束来定义他们的设计问题，这些条件和约束信息用于合成满足目标的替代性设计解决方案。设计师可以在许多替代方案之间进行权衡，并为制造业选择设计方案。Dreamcatcher 系统允许设计师输入特定的设计目标，包括功能需求、材料类型、制造方法、性能标准和成本限制。系统加载设计需求后，会搜索一个程序化的综合设计库，并对大量生成的设计方案进行评估，以满足设计需求，然后将得到的设计备选方案以及每个解决方案的性能数据向用户反馈。设计人员能够实时评估生成的解决方案，并可随时返回问题定义界面，以调整目标和约束，从而生成优化后的新结果。一旦设计方案达到令人满意的程度，设计师就可以将设计输出到制造工具，或者将得到的几何图形输出到其他软件工具中使用。

二、智能工业生产制造

（一）主要应用

基于 AI 的各种工业机器人正在生产制造中发挥作用。随着柔性生产模式的转型，具备感知、规划、学习能力的智能定位机器人和智能检测机器人陆续出现。智能定位机器人通过机器视觉系统，结合双目摄像头，引导机械手运动，不仅可以完成对工件的抓取和放置等操作，同时还能进行焊缝、抛光、喷涂、外壳平整等多项作业。

协作机器人能为柔性制造提升加工精度，为人机协同降低用工成本，为多级并联提高生产效率。协作机器人可通过人工智能模块加载，实现人机协同和多机协作；通过算法训练，对机器加工力度、精度等提供校准、纠错等辅助。但协作机器人目前仍处于初级人工智能阶段，还达不到人机互动、人机协同的水平。

焊接机器人的用途是提高焊接效率、减小焊缝间隙、保持表面平整。人工智能可以针对焊接精度进行算法补偿，针对焊接定位误差、焊接面积误差等进行辅助修正，以提高精度。

在自动生产调节方面，特殊行业制造往往需要恒温、恒压、恒湿的无尘环境，以及洁净的压缩空气。制造压缩空气的大型机台需要使用冷却水，而厂务站房里的空压机和冰机的耗电量一般会占到厂务系统的 60%左右。对此，解决方案是根据厂务运转机理和历史运行数据对厂务系统进行建模，输入可调参数，输出厂务运行状态，用深度学习算法拟合输入与输出的关系，把依靠人的观察和经验调节变为系统智能调节，把滞后的应激式调节变为前瞻的预测性调节，把设备定期维护变为实时监测设备状态和预测性维护报警。

（二）应用实例

库卡机器人公司于 1995 年成立于德国巴伐利亚自由州的奥格斯堡，是世界领先的工业机器人制造商之一。该公司生产的工业机器人可用于物料搬运、加工、堆垛、点焊和弧焊，涉及自动化、金属加工、食品和塑料加工等行业。

在物流运输中，工业机器人可在运输超重物体时起到重要作用，主要体现在负重及自由定位等功能上。在金属加工行业中，其主要应用领域为金属钻孔、铣削、切割、弯曲和冲压，也可用于焊接、装配、装载或卸载工序。在铸造和锻造业中，工业机器人可以直接安装在铸造机械上，因为它耐高温、耐脏。除此之外，在去毛刺、打磨及钻孔等加工过程中均可使用相关工业机器人。

三、智能工业质检

（一）主要应用

智能工业质检系统可以逐一检测在制品及成品，准确判别金属、人工树脂等多种材质产品的各类缺陷，被广泛应用于生产制造的工业质检工作。

在引入 AI 质检之后，无论是质检时间还是人力成本都有所节省。AI 质检适用于众多业务场景，包括但不限于 LED 芯片检测、液晶屏幕检测、汽车零件检测等。当前的制造业产品外表检查主要有人工质检和机器视觉质检两种方式，其中人工质检占 90%，机器视觉质检只占 10%，且两者都面临许多挑战：人工质检成本高、误操作多、生产数据无法有效留存；机器视觉质检虽然不存在这些问题，但受传统特征工程技术的限制，其模型升级及本地化服务难度较大。

在一些显示屏智能质检中，显示屏表面的微小缺陷难以被察觉，人工观察难度大、成本高，并且显示屏涉及复杂的物理原理，缺陷成因难以依靠机理模型确定。人工智能的解决方案是在屏幕质检环节增加工业相机，以作为质检人员的辅助工具，减轻质检人员的工作量，降低检测失误率。此外，在 AI 算法方面，还要对已有故障屏幕进行多角度拍照，以图像作为训练样本，对屏幕故障模式进行机器学习，通过机械臂机构和光学成像方案，实现对 3C 零部件外观多个表面的缺陷检测。

在钢铁行业中，长期以来，钢铁产品的内部缺陷，强度、硬度等内在质量只能依靠离线实验方法进行检测，在线检测方法所依赖的机理模型存在较大的偏差。运用人工智能算法，可以降低检测结果对机理模型的依赖度，提高检测的准确性。人工智能的解决方案是结合现场已有的工业仪表，增加超声或 X 射线检测设备，并通过信息技术实现检测数据的实时采集与处理。对产品取样后，还能进行材料学实验检测，并结合超声和射线成像数据，对有质量波动的数据进行标定。

（二）应用实例

百度的智能工业质检 IQI 系统基于 AI＋视觉识别技术，实现了产品的缺陷识别及分类，以及工业产品外观表面的细粒度质量检测，主要应用于电子产品、钢铁、能源、汽车等领域，可全面赋能工业质检和巡检场景。IQI 系统支持“云端一体化”方式，云端支持深度学习模型训练闭环，同时通过边缘计算支持模型下发和数据回传，还可提供完整的一体化方案，帮助客户实现智能制造及产业升级，满足不同行业和不同客户的多层次需求。该系统能基于自有数据进行模型训练，并可通过不断增加数据持续优化模型，提升模型性能。

四、智能工业安检

（一）主要应用

智能工业安检系统被广泛应用于厂区管理、安全生产、环境监控、仓库等场景。它以计算机视觉技术为核心，用机器视觉代替人力监管，能真正做到解放人力、24 小时无缝无死角监管，不仅大大节省了人力资源，同时使得安检处置手段更为高效化和多样化。

智能工业安检系统具有以下特点。在厂区管理中，可借助人脸识别技术，针对员工进行人脸识别，进行人脸考勤与非员工或陌生人识别。在车辆管理方面，能够进行车牌识别、人车匹配、车辆停留监测等。在安全生产方面，通过视觉识别系统，能够监测员工的安全帽佩戴情况、工服着装情况等。针对生产机械，可以进行操作距离监测、操作区闯入监测、机器运转状态监测等。在危险行为监测方面，可以识别吸烟、打斗等个人行为。在环境监测、安全监控方面，能够将高清摄像头拍取的视频数据用作模型训练，识别烟火、油气泄漏等安全隐患。

在冶金行业的智能管网管理中，高炉煤气是高炉炼铁过程中的重要副产物，经管道回收后可输送至下游生产车间充当主要能源介质。然而在生产过程中，高炉产气波动不可预知，且下游用户用气节拍不协同，导致产气与用气不平衡。智能工业安检系统可实时监测管网压力及各设备产气和用气波动，可利用机器学习算法建立高炉煤气产生的预测模型，对未来煤气产生量进行预测，还可以结合预测数据和煤气管道压力监测数据，保障关键用气工序节拍稳定，对异常用气操作进行监测和预警。

在电力巡检领域中，人们通常希望能够降低人力巡检成本，提高巡检效率。智能工业安检技术可以通过无人机、巡检机器人等智能装备对电力设备运行状况、运行参数进行记录存档，通过智能算法分析数据，提升巡检效率和安全隐患识别率。其难点及风险是巡检环境复杂多变，对巡检设备及 AI 技术要求较高。

（二）应用实例

百度大脑推出了“工厂安全生产监控解决方案”，其方案实现流程为，在厂区内布设摄像头采集视频，通过前置计算设备或服务器集成的定制化 AI 识别模型进行分析，针对不同的摄像头，灵活分配监控的事件及使用的模型，实时将危险事件及各种统计结果反馈给工厂安全生产管理系统，实现生产管理联动。以安全着装规范识别为例，它能实时监测员工着装是否符合安全防护标准，如安全帽、静电帽、工作服、手套、口罩、绝缘靴穿戴情况等。此外，还能对作业区的危险行为进行监测，如实时监测作业区人员跌倒、人员违规闯入、车辆违规停留等行为。还可进行生产机械安全监控：实时监测生产车间内各种生产设备、工作区的安全作业情况，如行吊的起吊高度、绞龙启动后防护区人员逗留情况等。

五、智能设备维护

人工智能在降低设备维护维修的工作量、提高维修响应能力、保证备件供给效率和质量等方面都可以发挥作用。借助人工智能，可以实现设备维护的智能化、可视化和服务化。

（一）主要应用

1.智能化

人工智能可以凭借故障描述，在历史维修经验中进行查询匹配，大幅降低故障判断错误率，有效提升故障处理效率，实现维修知识共享和精准技能培训。智能设备维护系统还能用于基于预测性维修的智能诊断辅助与远程维护支持。预测性维修是指在故障早期发现设备隐患和缺陷，进而采取干预措施的维修策略。例如，AR 智能眼镜可以通过传感器获取诊断数据，构建检测模型，通过云计算排患检查，生成远程诊断报告。

2.可视化

智能设备维护系统能够实现从报修到开机检验的全过程管理，形成作业动态管理，并生成一个综合的可视化看板系统。

3.服务化

服务化是指工业互联网条件下的维修模式变革。非制造整体的运维托管业务允许工业企业将能源（水、电、冷气、热能）供给委托给第三方管理，以实现日常运作、维修维护、设备无人值守、虚拟巡检、预测诊断等方面的全方位管理。

总之，基于人工智能的设备维护正在智能化、可视化、服务化方面发挥着重要的作用。

（二）应用实例

美国电力公司基于 ABB 集团的 ABB Ability 平台进行智能设备维护。美国电力公司以往主要依靠现场诊断对设备运行数据进行分析，工作效率较低，时常面临高压设备带来的安全危险问题，且零部件的更换、维修主要依据产品手册、设备使用寿命来确定。通过合作，ABB 集团为美国电力公司的变压器、断路器和蓄电池分别加装了 8 600 个、11 500 个和 400 多个传感器，对设备进行智能化数据采集、诊断与分析，并形成有效的设备维护方案。ABB Ability 平台结合 AI 算法，借助多功能智能仪表盘，运用可视化方法呈现变压器状态、故障概率，运用历史数据与知识库分析算法来智能化地提供专家维修行动建议。凭借 ABB Ability 平台，美国电力公司可以实时监控其设备参数，实现设备预测性维护。其高压设备运行、维护风险降低了 15%，设备寿命延长了 3 年，维护成本降低了 2.7%，设备维护效率提高了 4%，有效降低了设备的维护成本。

第六节　智慧农业

智慧农业是数字中国建设的重要内容。加快发展智慧农业，推进农业、农村全方位、全过程的数字化、网络化、智能化改造，有利于促进生产要素优化配置，有利于推动农业农村发展变革，有利于实现我国乡村振兴战略和农业农村现代化发展。目前，智慧农业主要集中于“智能化种植”和“智能化养殖”两个领域。

一、智能化种植业

在种植业，人们可以通过人工智能、物联网、大数据等技术来提高种植活动的精度和效率。例如，利用图像识别、自动驾驶、深度学习等技术，可实现农作物的播种、施肥、灌溉、除草等农业活动的自动化和智能化。

（一）主要应用

1.数据采集及病虫害预测

摄像头、风速传感器、温湿度传感器等设备实时采集到的信息，以及农作物的产量、质量等信息，都属于种植业的大数据。借助大数据和深度学习算法，可以训练出能够帮助农业生产管理决策的 AI 系统。例如，为了监测西红柿的生长过程，可以在温室中安装摄影机，通过算法辨别西红柿的病虫害情况、生长状态，并实时通报，这比人工巡查的效率要高很多。

2.种植、喷药、施肥

将传感器、GPS、机器视觉技术与农机结合，可增强农机的自动化水平，使农机在播种、喷药、收割等环节实现自动导航和精准定位。例如，无人机喷药 10 分钟能覆盖 15 亩地，一天最多可喷 225 亩，是人力的 3～4 倍，且节省耗药量。

3.农事规划、产量估算

深度学习技术可以通过遥感影像实现作物适宜种植区规划、作物长势监测、生长周期及产量估算等多种功能。例如，利用卫星图片分析关联区域降水、温度等天气数据，从而预算农作物的产量。

4.采摘、除草、嫁接

智能机器人依靠图像识别技术，能区分作物与杂草、成熟作物与未成熟作物，还能依靠自动驾驶技术，通过路线规划，完成作物的除草、采摘等具体活动。例如，摘草莓机器人可使用机器视觉算法判断草莓的成熟度，自主导航、检测和定位成熟的草莓，用 3D 打印的软触手摘果，其速度比人工采摘高一倍，还能保证不损坏果子，且可 24 小时持续工作。

5.土壤灌溉

人工神经网络具备机器学习能力，能够根据检测到的气候指数和当地的水文气象观测数据，选择最佳的灌溉策略。并通过对土壤湿度的实时监控，利用周期灌溉、自动灌溉等多种方式，提高灌溉精准度和水资源利用率。这样既能节约用水，又能保证农作物具有良好的生长环境。

（二）应用实例

在美国，一家名叫 Blue River Technology（蓝河科技）的农业机器人公司开发了农业智能机器人。它可以智能除草、灌溉、施肥和喷药，还可以利用电脑图像识别技术来获取农作物的生长状况，通过机器学习分析和判断出哪些是杂草，哪里需要清除，哪里需要灌溉，哪里需要施肥，哪里需要打药，并且能够立即执行。农业智能机器人精准的施肥和打药功能可以大大减少农药和化肥的使用量。

二、智能化畜牧业

目前，智能化养殖的应用类型主要是通过图像识别、深度学习等技术，分析牲畜的健康状况，进行有效的疾病预测、科学投喂，提高畜禽的存活率及其产奶、产蛋、产肉效率。

（一）主要应用

1.牲畜识别和数据采集

畜禽健康状况是养殖业关注的焦点问题，以 AI 感知技术为切入点，对畜禽体征及行为进行监测、分析和预测是农场实现精准养殖的可行选择。智能化的项圈、耳标、脚环等形式多样的动物可穿戴设备可实时采集畜禽体温、心率等体征数据和活动场地、运动量等行为数据，并将数据实时上传到畜禽大数据监管云平台，实现畜禽数据全天候、全流程记录和跟踪。

2.疾病预测和智能喂养

有了大量的原始数据，人们就可以利用深度学习方法，挖掘禽畜深层次的健康信息和行为模式，并将其转换为反映禽畜健康状态、繁殖预测、喂养需求相关的信息，实现对禽畜饲养、疫病防控、产品安全等全环节的精准质量管理。智能化养殖系统可根据收集来的禽畜数据进行深度学习训练，依据大数据样本预测禽畜的疾病情况、发情状况，以及进食、运动、睡眠、位置等相关数据，及时预警疾病并匹配治疗方案。智能化养殖系统还可依据环境数据、禽畜发育数据、历史喂养信息等，合理规划喂养投料计划，为禽畜管理者提供科学的养殖方案。

（二）应用实例

蒙牛的数字化养牛技术是智能化畜牧业的典型代表。在养殖方面，其全套的数字化监测系统涵盖从牛犊出生到长大再到最后产奶的全过程。在牧场中，蒙牛还采用计步器、AI 视觉识别等智能设备和技术开展日常监控，所获得的数据会实时传递到阿里云的蒙牛私有云数据平台，实时计算，形成蒙牛的牧场数字化数据基础。目前，蒙牛牧场的数据包括牛只数据、牛群数据、视觉数据、兽医数据、饲喂数据、传感器数据、繁育数据、环保数据、采购数据、政策数据、奶量数据、天气数据、趋势数据、检测数据、日志数据、监控数据，等等。通过智能算法对这些数据加以分析利用，便可实现更精准的奶牛养殖与销售预测、更高效的智能订单回复机制等。

第六章　下一代人工智能

第一节　人工智能围棋

AlphaGo 是第一个击败人类职业围棋选手、战胜世界围棋冠军的人工智能程序，由谷歌公司旗下 DeepMind 公司研发。如同 1996 年 IBM 公司的超级计算机“深蓝”挑战国际象棋特级大师卡斯帕罗夫一样，这场比赛不仅吸引了围棋界和计算机界的目光，也获得了全世界的关注。因为这场比赛的结果能帮助人类了解人工智能已经达到怎样的高度，预测其能够在多大程度上影响人类的未来。

一、AlphaGo

（一）技术成就

2016 年 1 月 27 日，国际顶尖期刊《自然》报道，AlphaGo 在没有任何让子的情况下，以 5∶0 完胜欧洲围棋冠军、职业二段选手樊麾。在围棋人工智能领域，实现了一次史无前例的突破。计算机程序能在不让子的情况下，在完整的围棋竞技中击败专业选手，这是第一次。

2016 年 3 月，AlphaGo 与围棋世界冠军、职业九段棋手李世石进行围棋人机大战，以 4∶1 的总比分获胜。

2016年12月29日晚到2017年1月4日晚，AlphaGo的升级版以Master为注册名，在弈城围棋网和野狐围棋网依次对战数十位人类顶尖围棋高手，取得60胜0负的辉煌战绩。

2017年5月23日到27日，在中国乌镇围棋峰会上，AlphaGo以3∶0的总比分战胜世界排名第一的围棋冠军柯洁。在此次围棋峰会期间，AlphaGo还战胜了由陈耀烨、唐韦星、周睿羊、时越、芈昱廷五位世界冠军组成的围棋团队。

（二）原理概述

1.深度学习

AlphaGo是一款围棋人工智能程序，其运用的主要工作原理是深度学习。AlphaGo为了应对围棋的复杂性，结合了监督学习和强化学习的优势，通过训练形成一个策略网络，将棋盘上的局势作为输入信息，并对所有可行的落子位置生成概率分布网络。然后，训练出一个价值网络对自我对弈进行预测，预测所有可行落子位置的结果。策略网络与价值网络都十分强大，而AlphaGo将这两种网络整合进基于概率的蒙特卡罗树搜索中，具有十分明显的优势。

2.两个大脑

AlphaGo是通过两个不同神经网络的“大脑”合作来改进下棋思路的。

（1）第一大脑：落子选择器

AlphaGo的第一个神经网络大脑是“监督学习的策略网络”，观察棋盘布局，企图找到最佳的下一步，可以将其理解成“落子选择器”。

（2）第二大脑：棋局评估器

AlphaGo的第二个大脑相对于“落子选择器”来说具有另外一个功能，它不是去猜测具体的下一步，而是在给定棋子位置的情况下，预测每一个棋手赢棋的概率，通过整体局面判断来辅助“落子选择器”。但这个判断仅仅是大概的，通过分析未来局面的“好”与“坏”，AlphaGo 能够决定是否通过特殊变种去深入阅读。如果棋局评估器说这个特殊变种不行，那么 AI 就跳过阅读。

二、AlphaGo Zero

（一）技术成就

2017年10月18日，DeepMind团队公布了最强版AlphaGo，代号为AlphaGo Zero。经过短短 3 天的自我训练，AlphaGo Zero 就打败了此前战胜李世石的旧版 AlphaGo，战绩是 100：0。经过 40 天的自我训练，AlphaGo Zero 又打败了曾击败多名世界顶尖围棋选手的 AlphaGo 升级版。

（二）原理概述

1.自学成才

AlphaGo 的最初版本，结合了数百万人类围棋专家的棋谱，并利用强化学习和监督学习进行了自我训练。AlphaGo Zero 的能力在此基础上有了质的提升，其不再需要人类提供数据支持。也就是说，它一开始就没有接触过人类棋谱。研发团队只是让它自由、随意地在棋盘上下棋，然后进行自我博弈。

据 AlphaGo 团队负责人大卫・席尔瓦（David Silva）介绍，AlphaGo Zero 使用新的强化学习方法，让自己变成老师。系统一开始甚至并不知道什么是围棋，只是从单一的神经网络开始，通过神经网络强大的搜索算法进行自我博弈。随着自我博弈次数的增加，神经网络逐渐调整，预测下一步的能力也不断提升。更为厉害的是，随着训练的深入，AlphaGo Zero 还独立发现了游戏规则，并开发了新策略，为围棋这项古老的游戏带来了新的思路。

2.一个大脑

AlphaGo Zero 仅用了单一的神经网络。在此前的版本中，AlphaGo 用到了策略网络来选择下一步棋的走法，并使用价值网络来预测每一步棋后的赢家。而在新的版本中，这两个神经网络合二为一，从而使其能得到更高效的训练和评估。

3.神经网络

AlphaGo Zero 并不使用快速、随机的走子方法。此前的版本用的是快速走子方法，来预测哪个玩家会在当前的局面中赢得比赛。相反，AlphaGo Zero 依靠的是高质量的神经网络来评估局势。

第二节　无人驾驶汽车

无人驾驶汽车是一种智能汽车，也可以称为轮式移动机器人，主要依靠车内以计算机系统为主的智能驾驶仪来实现无人驾驶。无人驾驶汽车是通过车载传感系统感知道路环境，自动规划行车路线并控制车辆到达预定目的地的智能汽车。无人驾驶汽车利用车载传感器来感知车辆周围环境，并根据感知获得的道路、车辆位置和障碍物信息控制车辆的转向和速度，从而使车辆能够安全、可靠地在道路上行驶。无人驾驶汽车集自动控制、体系结构、人工智能、视觉计算等众多技术于一体，是计算机科学高度发展的产物，也是衡量一个国家科研实力和工业水平的重要标志，在国防和国民经济领域具有广阔的应用前景。

一、关键技术

无人驾驶技术是传感器、计算机、人工智能、通信、导航定位、模式识别、机器视觉、智能控制等多门前沿学科的综合体。按照无人驾驶汽车的职能模块，无人驾驶汽车的关键技术包括环境感知技术、导航定位技术、路径规划技术、决策控制技术等。

（一）环境感知技术

环境感知模块相当于无人驾驶汽车的眼和耳，无人驾驶汽车通过环境感知模块来了解自身周围的环境信息，为其行为决策提供信息支持。环境感知包括无人驾驶汽车的自身位姿感知和周围环境感知两部分。单一传感器只能对被测对象的某个方面或者某个特征进行测量，无法满足精准测量的需求。因此必须采用多个传感器同时对某个被测对象的一个或者几个特征量进行测量，将所测得的数据经过数据融合处理后，提取出可信度较高的有用信息。

（二）导航定位技术

无人驾驶汽车的导航模块用于确定无人驾驶汽车自身的地理位置，是无人驾驶汽车的路径规划和任务规划的技术支撑。导航可分为自主导航和网络导航两种。自主导航技术是指除定位辅助之外，不需要外界其他的协助，即可独立完成导航任务的技术。

自主导航技术在本地存储地理空间数据，所有的计算在终端完成，在任何情况下均可实现定位。但是自主导航设备的计算资源有限，其计算能力较差，有时不能提供准确、实时的导航服务。

网络导航能随时随地通过无线通信网络、交通信息中心进行信息交互。移动设备通过移动通信网与直接连接于互联网的 WebGIS 服务器相连，在服务器上执行地图存储和复杂计算等任务，用户可以从服务器端下载地图数据。网络导航的优点在于可突破存储容量的限制，计算能力强，能够存储任意比例尺的地图，而且地图数据比较新。

（三）路径规划技术

路径规划是无人驾驶汽车信息感知和智能控制的桥梁，是实现自主驾驶的基础。路径规划的任务就是在具有障碍物的环境内按照一定的评价标准，寻找一条从起始位置到达目标位置的无碰撞路径。路径规划技术可分为全局路径规划和局部路径规划两种。全局路径规划是在已知地图的情况下，利用已知的局部信息，如障碍物位置和道路边界，确定可行和最优的路径，其把优化和反馈机制很好地结合起来。局部路径规划是在全局路径规划生成的可行驶区域指导下，依据传感器感知到的局部环境信息来决策无人平台前方路段的行驶轨迹。全局路径规划适用于周围环境已知的情况，局部路径规划适用于周围环境未知的情况。

（四）决策控制技术

决策控制模块相当于无人驾驶汽车的大脑，其主要功能是依据感知系统获取的信息来进行决策判断，进而对下一步的行为进行决策，然后对车辆进行控制。决策控制技术主要包括模糊推理、强化学习、神经网络和贝叶斯网络等技术。

二、研究概况

从 20 世纪 70 年代开始，美国、英国、德国等发达国家开始进行无人驾驶汽车的研究，在可行性和实用化方面都取得了突破性的进展。

20 世纪 80 年代以来，以贺汉根教授为代表的老一代专家，曾研制出我国第一辆无人车。2003 年，他们研制的无人驾驶轿车创造了时速 170 公里的世界第一速度。此后，该团队多次创造了无人车在复杂交通状况下自主驾驶的新纪录。

2014 年 5 月 28 日，在美国科技界年度编码大会上，谷歌公司推出了自己的新产品——无人驾驶汽车。和传统汽车不同，无人驾驶汽车行驶时不需要人来操控，这意味着方向盘、油门、刹车等传统汽车必不可少的配件在无人驾驶汽车上通通看不到，取而代之的是相应的软件和传感器。

虽然对无人驾驶汽车的研究从 20 世纪就开始了，迄今为止突破了很多技术难题并取得了一定成果，但距无人驾驶汽车真正走进人们的生活还需要一段时间。

第三节　无人超市

一、诞生背景

大片通透的玻璃墙，在店外便能看到店内商品；消费者扫描二维码进入店铺后，便可自助购物、结账以及退货——这就是无人超市，它可实现 24 小时无人值守。无人超市顺应时代的发展，在全球各地已陆续出现。而在我国，阿里巴巴无人超市的诞生引起了大家的关注。无人超市通过各种技术手段，使得消费者自助结账成为可能，从而省去排队结账的大量时间，加速结账流程，同时帮助超市运营者节省可观的人工成本。那么，新的消费方式究竟会带来怎样的改变呢？下面先从无人超市给人们带来的便利谈起。

其一，便捷且高效。阿里巴巴的无人超市一经亮相就赢得了民众的广泛关注。与普通超市相比，这里的一切都是由消费者自主操作的，没有导购，没有收银，即买即走。当然，这些依靠的都是高科技，进店前打开手机扫一扫，离店时需要通过两道“结算门”，第一道门感应离开，第二道门进行结算。测试结果显示，无人超市的真实付款率达到八成以上。这样的超市给人类带来的便捷显而易见。

其二，科技利用率高。现代社会是信息技术发展的时代，无人超市的便捷和高效正是由高科技支撑的，它离不开人工智能、人脸识别、物联网、移动支付等技术的发展。

二、Amazon Go

无人超市（无人便利店）的核心目标不是“消除”所有人工环节，而是在一定程度上节约人力成本。从战略层面来看，其更看重将线下场景数字化，提升运营效率，实现精准营销，并通过提供更便捷的结账方式提升用户体验。Amazon Go 是亚马逊推出的无人便利店，Amazon Go 颠覆了传统便利店、超市的运营模式，利用计算机视觉、深度学习和传感器融合技术为人们带来了即拿即走的全新购物体验。

Amazon Go 申报的专利内容显示，这种无人便利店的关键技术在于其特殊的货架。通过感知人与货架之间的相对位置和货架上商品的移动，来计算是谁拿走了哪一件商品。因此在拥挤的时候，系统的计算量就会迅速变大，商品识别的准确性在此时就不容易保证。例如，同一方向上若两个顾客同时伸手，系统在判断谁拿走商品时就可能发生错误；消费者从货架上取下的商品若放在店内非货架的区域，那么即使他空手走出门，也会被结算相应商品费用。

大体来讲，无人便利店识别顾客所购买商品的技术可分为三类：条形码、射频识别及人工智能技术。人工智能技术的应用又可分为有结算台的解决方案和无结算台的解决方案。和使用条形码或射频识别不同的是，使用人工智能技术的结算台是通过图像识别来判断顾客所购商品的，而无结算台的方式则是亚马逊无人便利店 Amazon Go 所使用的方式，其显著特点是离店支付不需任何操作，“即拿即走”。接下来详细介绍 Amazon Go 的购物流程及相关技术。

（一）购物流程

在走进 Amazon Go 之前，你需要下载 Amazon Go App，并在注册登录账户之后，通过这款软件生成二维码，扫码进店。

在购物环节，亚马逊通过“取货”动作判断你购买了哪些商品，为他人取货的账单也会记到你的账户。另外，出于识别考虑，货架上的商品都需要被摆放整齐，亚马逊店内有专门的理货人员整理顾客放回的商品。

Amazon Go 所使用的标签并不是常用的条形码，而是一种独创的点状标签，这种类似盲文的标签可能更利于摄像头识别。在选购好所需商品之后，顾客仅需在走出店门后等待 5～15 分钟，即可获得账单，出现问题的商品可以点击相应按键进行退换。

（二）识别环节

在顾客进门时，顶部摄像头会识别顾客的体态、步态及热成像等生物特征，并将此作为生物 ID 和账户链接。和外界猜测的不一样，出于隐私等方面的考虑，亚马逊并没有使用面部识别技术。在顾客购物时，主要通过货架上的摄像头进行手势识别，并通过多重感应器及顾客的历史购物记录判断顾客所购商品。

在整个识别过程中，存在两种处理方法：一种是从顾客进门起就进行全程跟踪；另一种是在监测到顾客出现在货架间后，再进行主动跟踪。

相应地，顾客离店的判断也有两种方式：一种是全程追踪到顾客离开店面后进行账单结算，另一种是几分钟内货架间检测不到顾客动态则进行账单结算。由于账单结算具有5～15分钟的延迟，Amazon Go使用第二种处理方式略有优势，在识别精度可以满足要求的情况下，较低的成本是其胜出的关键。

（三）相关技术设备

Amazon Go店内使用的设备主要有摄像头、麦克风、红外感应器、压力感应器和荷载感应器等，其使用的技术和无人驾驶技术非常相似，包括计算机视觉、深度学习及感应器融合技术。这些摄像头主要分为四类：第一类是天花板上的摄像头，对顾客监测跟踪，进行身份识别，并进行全身及步态监测；第二类是货架上沿朝下的摄像头，这些摄像头带有红外光源，监测顾客与货架的交互及手势识别；第三类是货架上沿朝向货物的摄像头，主要监测商品数量和种类变化，并进行手势识别；第四类是货架顶部斜向下的摄像头，主要监测货架之间交互部分的情况。

第四节　情感机器人

情感机器人是第四代机器人。历经二十多年的潜心研究，仇德辉创立了统一价值论与数理情感学，为情感机器人的产生奠定了理论基础。数理情感学建立在统一价值论的基础之上，首次提出了情感可以采用数学矩阵的方式来描述，推导出情感强度三大定律，并采用数学的方式来定义和计算情感的八大动力特性。数理情感学详细阐述了情感与意志运行的内在逻辑程序，以及情感内部逻辑系统的基本结构，从而揭开了情感机器人真正登上历史舞台的序幕。

一、情感机器人的定义

情感机器人就是用人工的方法和技术赋予计算机或机器人人类式的情感，使之具有表达、识别和理解喜怒哀乐，模仿、延伸和扩展人的情感的能力。这是许多科学家的梦想。与人工智能技术的高度发展相比，人工情感技术所取得的进展却是微乎其微的，情感始终是横跨在人脑与电脑之间一条无法逾越的鸿沟。在很长一段时间，情感机器人只能是科幻小说中的重要素材，很少被纳入科学家的研究课题之中。

二、情感机器人的研究概况

日本从 20 世纪 90 年代就开始了感性工学的研究。所谓感性工学，就是将感性与工程结合起来的技术，是在感性科学的基础上，通过分析人类的感性，把人的感性需要与商品设计、制造结合起来。它是一门从工程学角度给人类带来喜悦和满足的商品制造的科学技术。

日本各大公司竞相开发、研究、生产了“个人机器人”系列产品。其中，以索尼旗下智能机器宠物系列产品 Aibo 机器狗和 SDR-4X 型情感机器人为典型代表。日本新开发的情感机器人“小 IF”，可从对方的声音中发现感情的微妙变化，然后通过自己表情的变化在对话时表达喜怒哀乐，还能通过对话模仿对方的性格。

2008 年 4 月，美国麻省理工学院的科学家展示了他们最新研发的情感机器人“Nexi”，该机器人不仅能理解人的语言，还能够对不同语言作出相应的喜怒哀乐反应，而且能够通过转动和睁闭眼睛、皱眉、张嘴、打手势等方式表达其丰富的情感。这款机器人完全可以根据人面部表情的变化来作出相应的反应。它的眼睛中装有电荷耦合器件摄像机，这使得机器人在“看到”与它交流的人后会立即确定房间的亮度并观察与其交流者表情的变化。

欧洲一些国家也在积极地对情感信息处理技术（表情识别、情感信息测量等）进行研究。欧洲许多大学成立了情感与智能关系的研究小组。在市场应用方面，德国科学家在 2001 年提出了基于 EMBASSI 系统的多模型购物助手，英国科学家研发出名为“灵犀机器人”的新型机器人，等等。

情感机器人的价值功能具体体现在界面友好性、智能效率性、行为灵活性、决策自主性、思维创造性、人际交往性等方面。这些都会给人们的生活方式带来变化。

第五节　智能医疗

智能医疗通过打造健康档案区域医疗信息平台，利用先进的物联网技术，实现患者与医务人员、医疗机构、医疗设备之间的互动，来逐步实现医疗信息化。在不久的将来，医疗行业将融入更多的传感技术等高科技，使医疗服务走向真正意义上的智能化，推动医疗事业的繁荣发展。在中国新医改的大背景下，智能医疗正在走进寻常百姓的生活，展现出巨大的市场潜力。

人工智能的快速发展为医疗健康领域向更高的智能化方向发展提供了非

常有利的技术条件。近几年，智能医疗在辅助诊疗、疾病预测、医疗影像辅助诊断、药物开发等方面都发挥着重要作用。

在辅助诊疗方面，人工智能技术可以有效提高医护人员的工作效率，提升一线医生的诊断治疗水平。例如，利用智能语音技术可以实现电子病历的智能语音录入；利用智能影像识别技术可以实现医学图像自动读片；利用智能技术和大数据平台可以构建辅助诊疗系统。

在疾病预测方面，人工智能可以借助大数据技术进行疫情监测，及时、有效地预测并防止疫情的进一步扩散和发展。以流感为例，很多国家都有规定，当医生发现新型流感病例时，应告知疾病控制与预防中心，但由于患者可能就医不及时，且医生上报的信息到达疾控中心也需要一定的时间，因此，这种通告新流感病例的方式往往会有一定的延迟。而人工智能通过疫情监测能够有效缩短响应时间。

在医疗影像辅助诊断方面，影像判读系统也是人工智能技术的产物。早期的影像判读系统主要靠人手工编写判定规则，存在耗时长、临床应用难度大等问题，从而未能得到广泛推广。影像组学是通过医学影像对特征进行提取和分析，为患者愈前和愈后的诊断与治疗提供评估方法及精准诊疗决策。这在很大程度上简化了人工智能技术的应用流程，节约了人力成本。

一、智能医疗设备

（一）智能血压计

智能血压计有蓝牙血压计、GPRS 血压计、Wi-Fi 血压计等。

蓝牙血压计在血压计中内置蓝牙模块，通过蓝牙将测量获得的数据传送到手机，然后再从手机传到云端。它的优点是无线传输，不需要接线；不依赖外部网络，直接上传到手机。其缺点是必须使用手机，并且测量血压时，要同时操作血压计和手机；在使用前要先进行蓝牙匹配，这对年长的人来说不太方便。

GPRS 血压计通过内置模块，利用无所不在的公共移动通信网络，将数据直接上传到云端。这种方法的优点是方便，日常使用跟传统血压计一样，无须手机，数据随时可得。

Wi-Fi 血压计是新式血压计，可以直接使用 Wi-Fi 将数据上传到云端，典型代表如云大夫血压计。这种方式兼具上面几种方式的优点，操作方便，不依赖手机。它的缺点是必须使用网络。

不同的智能血压计适用于不同的人群。比如蓝牙血压计，由于测量时必须使用手机，比较适合 40 岁以下的人群使用；而 GPRS 血压计和 Wi-Fi 血压计基本上适合所有人群。其中，GPRS 血压计因为需要支付流量费用，不适合对费用敏感的人群。

（二）智能手环

智能手环是一种穿戴式智能设备。通过这款手环，用户可以记录日常生活中的锻炼、睡眠、饮食等实时数据，并将这些数据与手机、平板电脑同步，起到通过数据指导健康生活的作用。用户可以通过蓝牙传输数据，记录并分享日常生活中的锻炼、睡眠和饮食等实时数据。

（三）智能体脂秤

智能体脂秤可反映测量者的体重、BMI、体脂率、肌肉量、水分率、蛋白质率等。通过分析身体的重要数据，并结合每个时段的身体状况和日常生活习惯，智能体脂秤可为测量者提供个性化的饮食和健康指导。此外，智能体脂秤通常采用智能对象识别技术，模式多、存储量大，可满足各年龄阶段家庭成员的需求。

（四）智能假肢

智能假肢又叫神经义肢，属于生物电子装置。即便筋肉骨骼损毁或丧失，曾经控制着它们的大脑区域及神经也会继续存活。对许多伤残者而言，与断肢对应的脑区和神经都在静候联络。医生利用现代生物电子学技术为患者把人体神经系统与照相机、话筒、马达之类的装置连接起来，于是，盲人能视，聋人能听，腿部截肢者可以正常行走……他们使用的这些机器就是智能假肢。

二、智能医疗系统

根据实际的需要，智能医疗系统可分成三部分，分别为智能医院系统、区域卫生系统以及家庭健康系统。

（一）智能医院系统

智能医院系统是一个基于无线传感网技术，通过各种各样的传感器和路由器实现的智能化管理系统。它主要包括智能病房、智能手术室和智能导航三部分。

智能病房为有特殊需要的患者建立远程监测系统，有助于医院及时了解患者的病情，并随时提供医疗帮助。病房完全覆盖传感器网络，可监测呼吸、血压、心率等重要生理指标，在实时监测的同时还使得患者有适当的活动空间，降低了医院的人力成本。医院可根据患者病情需要，配置相应的智能诊疗设备，实时监测重症患者的心率、血压、脉搏等情况。病房内使用的智能药瓶可提醒输液患者输液进程，并提醒患者用药。

智能手术室结合了机器人系统、人类工程学设计以及先进的通信技术。机器人系统可以根据医生的声音进行相应的操作并只执行其指令。机器人内置定位系统可以提供非常清晰和全面的手术视野，使医生可以精确地进行手术。智能手术室还配备了多台电视监控器，使手术室可以随时与外界保持直接的交流。外科医生可以在电子屏幕上看到病理切片的结果，病理学家也可以在手术室外观察到病人的器官组织情况。这种智能手术室可以使远距离或超国界操作手术成为现实。

（二）区域卫生系统

区域卫生系统是一个收集、处理、传输人员活动密集的区域重要信息的卫生平台，主要由布置在公共区域的传感器节点和每个区域的分站点组成。传感器节点负责信息的采集，分站点负责信息的初步处理、发送、预警等。

（三）家庭健康系统

远程健康监测系统主要是通过在患者家中部署传感器网络来覆盖患者的活动区域。患者根据病情状况和身体健康状况等佩戴可以进行必要生理指标监测的无线传感器节点，这些节点可以对患者的重要生理指标进行实时监测。传感器节点所获取的数据在经过处理后，可以通过网络传送到为患者提供远程健康监测服务的医院。

第七章 基于大数据的人工智能发展前景

第一节 人工智能的发展现状

一、人工智能发展的总体状况

（一）人工智能发展掀起新浪潮

从智能手表、智能手环等可穿戴设备，到服务机器人、无人驾驶、智能医疗等的兴起，智能产业成为新一代技术革命的急先锋，人机围棋对战更进一步掀起了人工智能发展的浪潮。人工智能产业是智能产业发展的核心，是其他智能科技产品发展的基础，国内外的高科技公司以及风险投资机构纷纷布局人工智能产业链。

（二）人工智能进入实质性发展阶段

欧洲联盟提出的人脑工程项目被确定为未来新兴技术的旗舰项目，它汇聚了来自 24 个国家的 112 家机构（包括企业、研究所、高校等），计划开发出世界上第一个具有意识和智能的人造大脑。

美国公布了“推进创新神经技术脑研究计划”，具体事务由美国国家卫生研究院、国防部高级研究项目局和国家科学基金会等机构负责。

这些项目及计划的共同目的，是采用计算机模拟法绘制详细的人脑模型，促进人工智能、机器人和神经形态计算系统的发展，实现人工智能由低级别人脑模拟向高级别人脑模拟的飞跃，从而助推人工智能实现终极理想和目标。

除此之外，日本政府联合各大企业推出了机器人计划，意图通过机器人、无人搬运机等人工智能技术的应用，使日本工业快速发展。

二、中国的人工智能发展

（一）蓬勃发展势头强

近年来，我国智能经济蓬勃发展，产业规模快速增长。2021 年人工智能核心产业规模超过 4000 亿元，比 2019 年同期增长 6 倍多。广义来看，我国数字经济规模从 2017 年的 27.2 万亿元增至 2021 年的 45.5 万亿元，规模稳居世界第二。

中国信息通信研究院院长余晓晖认为，良好的设施网络、巨大的市场需求和澎湃的创新热情，为数字经济发展壮大提供了有力支撑。

1.基础设施更完善

我国已建成全球规模最大、技术领先的网络基础设施，5G 基站超过 185 万个，占比超过全球总数的 60%；培育大型工业互联网平台超过 150 家，连接工业设备超过 7 800 万台（套）。在全球算力分布统计中，我国智能算力总规模占比 26%。

2.市场空间更广阔

余晓晖分析，我国有 10.51 亿网民，有全球最大、最活跃、最具潜力的数字服务市场。同时，我国是世界第一制造大国，仍有大量处在工业 2.0、3.0 阶段的企业需要向工业 4.0 阶段迈进，人工智能有良好的发展前景。

3.创新研发更积极

当前，我国人工智能发明专利授权总量全球排名第一，人工智能领域论文发文量全球领先，图像识别、语音识别等技术创新应用跻身世界先进行列，智能经济创新热情高涨、成果丰硕。

（二）千行百业融合深

无人驾驶、智能工厂、智慧矿山……如今，人工智能已融入千行百业，小到居家出行，大到制造研发，智能经济给生产生活带来深刻变革。

1.深度融合，赋能实体经济

随着人工智能等新技术不断拓展，我国实体经济正加速向数字化、网络化、智能化方向转变。当前，工业互联网应用覆盖 45 个国民经济大类，创造出大量智慧应用场景。在制造业领域，已建成 700 多个数字化车间/数字工厂，实施了 305 个智能制造试点示范项目和 420 个新模式应用项目，培育了 6 000 多家系统解决方案供应商，智能制造应用规模全球领先。

2.提质增效，助力转型升级

走进广汽本田总装车间，在质检线上，7 台球型摄像机大显身手——同步拍摄一辆车的 20 多种车灯，并智能识别细节瑕疵，准确率高达 99%，检测过程仅需 1 秒。“传统质检仅凭肉眼，点位多、速度慢，很容易漏检。用上智能云后，检测效率大幅提升，不良率降低，实现精细化生产。”百度集团执行副总裁、百度智能云事业群总裁沈抖介绍。工业互联网品牌“百度智能云开物”，已经为汽车、电子、化工等 20 多个行业企业提供智能化解决方案。

中国工业互联网研究院院长鲁春丛认为，运用人工智能等新一代信息技术，促进传统产业数字化转型，将有效提高质量效率、延伸产业链条、优化管理经营、保障安全生产，实现提质降本增效。

3.数智引领，激发创新活力

无人机自主识别灾害险情、智能调控千伏变电站倒闸操作、人工智能平台帮助训练智慧电力人才……携手百度智能云，国网福建省电力有限公司整体提升了设备运检、调度运行、安全监管等业务全链条智能化水平，树立起业内创新标杆。

帮助寻找新材料、高效发掘新药物靶点、参与完成辅助驾驶……“人工智能是引领这一轮科技革命和产业变革的战略性技术，不仅能助推传统产业创新，还在不断催生新技术、新产品、新模式、新业态。”鲁春丛说。

（三）多方合力前景广

1.强化政策支撑

国务院印发《新一代人工智能发展规划》、将“培育壮大人工智能”写入“十四五”规划纲要……至今，我国已相继在北京、上海等地建立新一代人工智能创新发展试验区。

2.增进开放合作

中国与 17 个国家签署“数字丝绸之路”合作谅解备忘录，同非方一道制定实施“中非数字创新伙伴计划”，申请加入《数字经济伙伴关系协定》……开放合作将使更多发展成果普惠共享。

第二节　人工智能面临的挑战

一、安全问题

（一）数字安全

在人工智能时代，数字安全会继续受到挑战，相关举例如下。

1.非法利用用户信息实施诈骗

在信息时代，每一位用户在网上的行为都会留下痕迹，这些痕迹中蕴含着用户的私人信息，而信息的泄露在网络时代已变得越发常见，一些不法分子会利用用户信息进行诈骗。

比如，犯罪分子通过非法渠道，购买用户的相关资料后，冒充淘宝等公司客服，拨打电话或者发送短信，谎称受害人拍下的货品缺货，需要退款，引诱购买者提供银行卡号、密码等信息，实施诈骗。

2.利用人工智能探测到系统的薄弱环节，进而发起攻击

网络黑客可以利用人工智能技术浏览系统代码，找出系统中较为薄弱的环节。同时，人工智能可以自行创作代码，对系统发起实时攻击。

人工智能技术使得网络攻击从探测到攻击的时间大大缩短，且更加智能化，这对网络安全提出了新挑战。

（二）物理安全

物理安全通常指的是使现实中一定地理范围内的物体避免受到外来的攻击，此处主要指人工智能的应用可能造成的军事方面的信息泄露，主要体现在以下三方面。

一是人工智能的商业系统易被恐怖分子利用，进行物理攻击。人工智能应用于商业系统已经很普遍，恐怖分子可以利用这些工具运输或传递具有危险性的武器以进行物理攻击。

二是人工智能技术使得物理攻击的范围和规模比以前更大。

三是人工智能技术使得不法分子可以迅速撤离犯罪现场。比如，不法分子可以借助设备，进行远距离的无人攻击，在实施攻击之后迅速撤离战场。这使得他们难以被追踪。

（三）政治安全

政治安全是相对于经济、科技、文化、社会、生态等领域而言的，其主体是国家。人工智能的发展使得信息的获取和使用变得更加复杂，甚至可以影响一个国家的政治安全。

比如，某些组织或团体会利用人工智能技术进行监视活动，甚至对他国的重要网站发动攻击。又如，在一些西方国家进行选举活动期间，网络平台通过精准投放广告、制造不实新闻、“过滤”信息（如增加或减少某些信息的曝光率）等方式，操纵人的行为，影响选举结果。

二、伦理问题

（一）智能技术的行为规则

如今，人工智能正在替代人作出很多决策行为，而智能技术在作出决策时，同样需要遵从人类社会的各项规则，也同样会面临很多伦理问题。比如，在无人驾驶汽车的前方，人行道上突然跑出三个行人而汽车无法及时刹车，如果汽车改变方向，则会撞到路边的另一个行人，那么智能系统应该选择撞向这三个行人，还是转而撞向路边的一个行人？

人工智能技术的应用，正在将一些生活中的伦理性问题在系统中规则化。如果人工智能在系统的研发设计中未与社会伦理约束相结合，就有可能在决策中遵循与人类不同的逻辑，从而导致严重后果。

（二）智能技术的权力

目前，在司法、医疗、指挥等领域，研究人员已经开始探索人工智能在审判分析、疾病诊断和对抗博弈方面的决策能力。但是，在对智能技术产品授予决策权后，人们要考虑的不仅是人工智能的安全风险，而且还要面临一个伦理问题，即该人工智能是否有资格决策。

随着智能系统对特定领域知识的掌握程度不断加深，它的决策分析能力开始超越人类，人们可能会在越来越多的领域对机器决策形成依赖，而人工智能是否有资格决策这一伦理问题，也需要在人工智能进一步发展的过程中梳理清楚。

三、隐私问题

（一）数据采集中的隐私侵犯

随着各类数据采集设施的广泛使用，智能系统不仅能通过指纹、心跳等生理特征来辨别人的身份，还能通过睡眠时间、锻炼情况、饮食习惯及体征变化等来判断身体的健康状况，甚至还能根据不同人的行为喜好自动调节灯光、播放音乐等。然而，这些智能技术的使用意味着智能系统掌握了个人的大量信息。这些数据如果使用得当，则可以提升人类的生活质量，但如果这些数据被非法窃取，在不经本人同意的情况下用于其他途径，则会侵犯隐私。

（二）云计算中的隐私风险

因为云计算技术使用便捷、成本低廉，许多政府组织和公司开始将数据存储至云端。而存储至云端的信息容易遭到各种威胁和攻击。

由于人工智能系统普遍对计算能力要求较高，目前在许多人工智能应用中，云计算已经被当作主要架构，因此在开发该类智能应用时，云端隐私保护也是人们需要考虑的重大问题。

（三）知识抽取中的隐私问题

知识抽取是人工智能的重要能力，知识抽取工具正在变得越来越强大，无数个看似不相关的数据片段可能被整合在一起，识别出个人行为特征甚至性格特征。例如，只要将网站浏览记录、聊天内容、购物过程和其他各类别记录数据组合在一起，人工智能就可以勾勒出某人的行为轨迹，并分析其个人偏好和行为习惯，从而进一步预测其潜在需求，这样商家就可以提前为消费者提供必要的信息、产品或服务。但是，这些个性化定制过程又伴随对个人隐私的侵犯。如何规范隐私保护是人工智能与技术应用都需要考虑的一个问题。

人工智能的出现是人类社会进步的表现。但是，从历史经验来看，任何一种技术都是一把“双刃剑”，如果利用得好，就会对人类社会的进步起到积极作用，利用不好则会对人类社会的发展起到阻碍作用。因此，对于下一代人工智能的发展与应用，我们需要用长远的眼光来看待，使用好人工智能这把“双刃剑”，期待人工智能给人类社会乃至整个世界带来好的改变。

第三节　人工智能的未来

一、人工智能对人类的影响

对人工智能的广泛研究和应用，已涉及人类的经济利益、社会作用、文化生活和国防建设等诸多方面，并且正在产生广泛和深远的影响。

（一）对经济的影响

人工智能的应用对经济产生了重大影响，已为人类创造了可观的经济效益。以专家系统为例。专家系统是一个智能计算机程序系统，其内部含有大量的某个领域专家水平的知识与经验，它能够应用人工智能技术和计算机技术，根据系统中的知识与经验进行推理和判断，模拟人类专家的决策过程，以便解决那些需要人类专家处理的复杂问题。专家系统的广泛使用，可以长期、完整地保存专家的经验，且由于软件具有可复制性，使得专家系统能广泛传播专家的知识和经验。

（二）对社会的影响

人工智能的发展应用，给社会也带来了一系列的影响。如专家系统能辅助管理人员进行决策，帮助医生进行诊断；智能机器人能分担医院“护士”的工作，还能担任旅馆和商店的“服务员”，辅助交警指挥交通；等等。这使得劳务就业、社会人员结构发生变化，也使得人们的思维方式和思想观念等发生变化。

除此之外，人工智能领域还可能出现技术失控的危险。有人担心智能机器人有一天会威胁人类的安全，就像化学成果被用于制造毒气弹、生物学的成就被用于制造生物武器那样。

（三）对文化的影响

如今，文化产业正成为制造业之后人工智能最重要的应用领域，成为业界瞩目的投资对象。人工智能机器人的出现为博物馆、美术馆等文化场馆的讲解、服务方式甚至形象塑造提供了新的可能，也为公共文化场所带来更多活力，增强了人们的消费欲望。

由于文化产业与人工智能之间具有非常高的产业关联度，文化产业很可能成为服务产业中使用人工智能最多的产业，这无疑有助于文化产业的大发展。与发达国家相比，我国文化产业产出和文化产品消费所占比例还较低，未来文化产业有望借助人工智能这一新技术实现腾飞。

（四）对国防建设的影响

人工智能技术在军事上得到了广泛应用，对国防建设有重大的影响。如军事专家系统、仿真模拟训练系统、军事作战决策系统等的研发，对提高军事指挥决策水平、提高训练质量、增强军事安全保密性，节省国防开支，加强综合防御能力等都发挥了很大的作用。可以说，人工智能技术在军事上的应用水平是一个国家国防现代化的重要标志之一。

总之，人工智能技术对经济的发展、社会的进步、文化水平的提高和国防力量的增强都有重要影响。随着时间的推进和未来人工智能技术的进步，这种影响将越来越明显。

二、网络化时代的人工智能

人类正在进入信息化、网络化时代。那么，在网络时代人工智能又该如何发展呢？总的来说，网络时代人工智能的发展重点集中在智能化的人机界面、智能化的信息服务、智能化的系统开发与支撑环境等方面。

（一）智能化的人机界面

其研发目的是满足智能化人机交互的需要。其发展方向主要有以下方面。

一是开发多模式的人机界面，使计算机能通过文件、图形、语音、姿态等多种模式与用户互动，并能根据用户需要进行选择、组合和转换。

二是开发目标导向的合作式交互模式，在更高层次上与计算机进行对话，即从“用户叫怎么干就怎么干”到“用户只要提出干什么（即目标），机器就能主动完成，自行决定怎么干”的问题。

三是开发具有自适应性与沉浸感的交互模式，即为不同类型的用户提供不同的交互方式，并提供具有真实感的虚拟环境。

（二）智能化的信息服务

智能化的信息服务主要包括：数据与知识的管理服务、集成与翻译服务、知识发现服务等方面的内容。数据与信息的大量增长，要求机器能从中自动抽取有用的知识，并保证它的一致性，这也是知识发现的任务。

（三）智能化的系统开发与支撑环境

智能化的系统开发与支撑环境能够提供一种为制定系统技术指标，进行系统设计、修改和评价的智能化的环境和工具（如快速建立系统原型的工具）。

总之，未来的计算机网络将是一个传感器密集、大规模并行的自治系统，它的“传感器”和“执行机构”分布在世界各地，不同用户的各种任务同时在网络上传送和加工处理，各种任务互相交互。解决这类系统的调节、控制与安全问题等均需新的概念和方法，这就需要开辟人工智能新的研究领域，如利用人工智能技术与计算机病毒作斗争。

三、未来人工智能发展的几个特点

（一）多种学科的集成化

未来的人工智能将是多学科的智能集成。要集成的信息技术除数字技术外，还包括计算机网络、远程通信、数据库、计算机图形学、语音与听觉、机器人学、过程控制、并行计算、光计算和生物信息处理等技术。除信息技术外，未来的智能系统还要集成认知科学、心理学、社会学、语言学和哲学等。

要实现这个计划，会面临很多挑战。例如，创造知识表示和传递的标准形式，理解各个子系统间的有效交互作用，以及开发数值模型与非数值知识综合表示的新方法，等等。

（二）方法和技术结合的多样化

在未来，人工智能的研究将会采用不同的方法和技术，博采众长，从而大大提高其解决问题的能力。

例如，人工智能与人工神经网络的结合，就是人工智能中两种研究方法的结合。因为人工智能主要模拟人类左脑的智能机理，而人工神经网络则主要模拟人类右脑的智能行为，人工智能和人工神经网络的有机结合能更好地模拟人类的各种智能活动。对于企业信誉评估、市场价格预测等，人工神经网络可以

“大显身手”。将一段时间以来顾客和业务的变化、利润的变化等数据输入人工神经网络，人工神经网络就能作出正确的决策。而涉及行政法则、经营方针等与商业活动密切相关的信息，通常是由符号表示的，这恰恰是专家系统擅长的领域。

又如，人工智能和自动控制的结合，是两种学科的结合，由此产生的智能控制技术获得了广泛的应用，具有广阔的发展前景。

总之，不同领域的技术与方法的相互结合、互相渗透是人工智能未来发展的一大特点。

（三）开发工具和方法的通用化

由于人工智能应用问题的复杂性和广泛性，传统的开发工具和设计方法显然是不够用和不适用的，因此，人们期望未来能研究出通用的、有效的开发工具和方法。如高级的人工智能通用语言、好用的开发工具、新颖的人工智能开发机器等。在应用人工智能时，需要寻找和发现新问题分类与求解的方法。通过研究开发工具和方法的通用化，使人工智能在更多领域得到应用。

（四）应用领域的广泛化

随着人工智能的不断发展、技术的不断成熟，其应用领域也日趋广泛。除工业、商业、医疗和国防领域外，人工智能在交通运输、农业、航空、通信、气象、文化、教学、航天、海洋工程、管理与决策、搏击与竞技、情报检索等领域的应用也越来越频繁。可以预见，人工智能、智能机器、智能产品一定会在更广泛的领域中得到应用。

不少专家大胆预言，人工智能将使计算机能够解决那些人们至今还不知道如何解决的问题，将带来诸多领域的更新换代和革命性变化。

第八章 人工智能时代的社会风险及治理

第一节 人工智能时代的社会风险

当前，人类显然正在不可逆地进入人工智能时代。在互联网、云计算、大数据、深度神经网络等一系列技术的催生下，世界各主要大国均开始高度重视人工智能的发展，纷纷制定了相应的发展规划和战略。

在人工智能越来越融入人类生活时，我们必须认真思考人工智能所带来的风险。一种观点认为，这种由技术带来的社会冲击并不是人工智能所独有的，从工业革命开始，围绕机器与人的关系这一问题的相关争论甚至冲突从未停止，但最后机器并没有威胁人类，人类的生活反而在机器的帮助下变得更好。因此，对人工智能的担心是没有必要的。显然，这种观点过于低估了人工智能所具有的巨大潜力，并模糊了人工智能与以前机器的本质区别。在人工智能出现以前，人类社会中的机器，只能替代人类从事一些体力劳动和简单的脑力劳动，在复杂推理等脑力劳动方面则毫无作为，而人工智能则不同，它也可以从事复杂的脑力劳动。

近年来进行的大量探索性研究表明，在一些复杂的脑力活动（如竞技游戏）中，人工智能已经远远高于普通人类的智慧水平，与人类中的顶级高手不相上下。可以说，人工智能与之前的机器大不相同。

笔者认为，人工智能可能带来的社会风险是不应该被低估的。人工智能与之前机器的关系，好比核武器与其他武器的关系。在核武器诞生之前，人类一直在使用各种武器，从石头到刀剑，再到枪炮，这些武器没有使人类灭亡，但我们却不能据此推断，核武器也不必引起人类的担忧。因为与之前所有的武器相比，核武器是一种能够彻底摧毁人类本身的武器，所以从核武器诞生开始，禁止核武器扩散的呼声就从未停止。人类对人工智能的态度也应如此。

一、人工智能社会是必然的历史进程

自20世纪50年代人工智能诞生之日起，就一直有大量的研究者和艺术创作者关注人工智能所带来的威胁。从20世纪50年代艾萨克·阿西莫夫（Isaac Asimov）创作的科幻小说《我，机器人》，到20世纪80年代的电影《终结者》系列，直到进入21世纪，著名科学家霍金（Stephen Hawking）和著名企业家马斯克（Elon Musk）都在不同场合表达了对人工智能所带来的潜在风险的深深忧虑。伴随着人工智能的不断发展，越来越多的人工智能技术研究者和社会学研究者也开始关注人工智能所带来的风险。尽管如此，这些关注和担忧都丝毫没有影响人工智能近年来的飞速发展和应用普及。

从技术角度看，摩尔定律自20世纪60年代被提出后，至今依然有效，远远超过了定律提出者本人和大量科学家的预测，以至于有科学家认为其在未来的若干年内可能依然有效。计算能力的大幅度提升为人工智能模型复杂度和推理复杂度的提高奠定了基础。一方面，集成电路的尺寸在大幅度缩小，指甲大小的芯片上能够集成上百亿个晶体管。另一方面，分布式计算方法的运用，极大地增加了通过芯片的水平扩展来提高整体算力的潜力。

在算法方面，基于深度神经网络的机器学习算法已经成为各种人工智能体系的核心支撑，与其他人类知识形成的逻辑判断相结合，形成了应用场景下的人机共同工作机制，使得计算机能够大量吸纳人类知识，从而大幅度提高其进化速度。

在数字化方面，自网络诞生以来，尤其是近十年间，人类社会的数字化水平大幅度提高，数字化在便于人类储存和检索知识的同时，也为人工智能的学习和进化提供了充分的“知识口粮”，这使得人工智能以人类难以想象的速度进化。

在这几个方面的共同作用下，人工智能技术取得了突飞猛进的发展。全社会在各方面的数字化成就已经为人工智能的飞速发展铺平了道路。因此，人工智能的出现是整个人类社会近几十年来数字化转型的必然结果。

从对人工智能发展的技术估计来看，自人工智能诞生至今，就始终存在两种观点，一种是乐观派，另一种则相对保守。

乐观派普遍认为计算机会在短时间内代替人类。例如，1955 年著名的计算机科学家和管理学家司马贺（Herbert Alexander Simon）就预测在 10 年内，计算机会战胜人类国际象棋冠军。实际上，这件事直到 1997 年才发生。1965 年，司马贺又预测：在 20 年内，计算机会代替人类。今天看来，这一预测也过于乐观。在 20 世纪 80 年代初，日本科学家同样作出了乐观的预测，认为在 20 年内，日本将造出和人类一样具有思维能力的计算机，也就是“第五代计算机”。然而，迄今为止，这一目标依然未能实现。1993 年，弗诺·文奇（Vernor Vinge）发表了《技术奇点的来临：如何在后人类时代生存》一文，他认为 30 年之内人类就会拥有打造超人类智能的技术，此后不久，人类时代将迎来终结。

另一方面，大多数计算机科学家则较为保守，他们普遍将计算机超越人类智慧的时间定为 2050 年前后或更晚的时间。例如，未来学家雷·库兹韦尔（Ray Kurzweil）在《奇点临近》一书中预言，奇点将于 2045 年来临，届时人工智能将完全超越人类智能。2017 年 5 月，牛津大学对 300 多位人工智能科学家的调查回复报告显示，在 45 年内，人工智能在各领域中有 50%的机会超越人类；在120年内，能够实现所有人类工作的自动化。这一预测依然是较为保守的。库兹韦尔近年来又预测，在2029年人工智能将超过人类。

从技术发展的角度来看，对人工智能何时超过人类的判断，很可能是标准模糊且变数较大的。如果以经典的图灵测试为标准，谷歌公司于2018年5月已经声称自己的语音程序（至少是部分）通过了图灵测试。如果以应用为标准，近年来人工智能在具体应用领域，如自动驾驶、围棋、游戏竞技、机器翻译等中的一系列优异表现，使得越来越多的人倾向于人工智能可能会以更快的速度突破人类智慧这一观点。

如果进一步比较人类智慧与人工智能的区别，我们不得不承认，从计算速度到推理能力再到稳定性等所有领域，被赋予人类智慧特征、与数字计算体系充分融合的人工智能具有很大的优势。

第一，从运算能力而言，基于数学的人类运算速度显然远远落后于人工智能，人类的长处是能够抓住核心特征并形成快速的态势感知和判断；人工智能是建立在可以无限扩张的并行计算和云计算基础上的，而人工神经网络和人类赋予的逻辑判断的结合，使得人工智能也逐渐形成高态势感知能力。

第二，从推理方式而言，人类的大量推理主要是以模糊推理为主的，也就是定性分析大于定量分析；人工智能则是以精确的定量分析为基础的，它通过模仿人类进行推理和判断。

第三，从存储能力而言，人类记忆显然是低存储能力且具有易失性的，为了避免遗忘，人类需要反复强化记忆；建立在数字存储基础上的人工智能体系，则完全不会有遗忘和存储量不足的问题。

第四，从交互能力而言，人类主体通过语言文字进行交互的速度和准确性极低，最快的传输速度不会超过每秒1千字节（500个汉字）；人工智能的传输速度可以达到每秒千兆字节，远远超过了人类的交互速度。这意味着，人类群体的少数智慧者很难将其智慧分享给整个群体，而人工智能则可以将任何一个节点的进化瞬间传输到全网络。

第五，从对客观世界的控制能力而言，人类需要在各种复杂工具的帮助下，并经过学习和适应才能够完成对数字和物体的操作；现代高速物联网的建设，使大部分物体在未来都具有接收信息和改变状态的能力，而人工智能可以天然地对其进行直接控制，使得数字化设备成为其组成部分。

第六，从稳定性角度而言，人类的智慧状态受身体状况、情绪及外界环境的影响极大，在不同的状态下，人类可以作出完全不同的判断；然而，人工智能可以完全不受外界环境的影响，在各种极端环境下，人工智能依然可以作出准确的逻辑判断。

从以上的各种比较而言，即将突破人类智慧水平的人工智能在各个领域似乎都具有充分的优势，这使得人类社会第一次在整体上面临着关键核心优势——智慧丧失的危险。因此，人们必须高度重视这一历史性的改变。

二、人工智能技术引发的人类社会风险

由于人工智能是一种与传统完全不同的技术体系，因此，其势必会使人类社会产生由内而外的深刻改变并引发相应的社会风险。大体而言，这种社会风险包括十个方面：隐私泄露、劳动竞争、主体多元、边界模糊、能力溢出、惩罚无效、伦理冲突、暴力扩散、种群替代、文明异化。

（一）隐私泄露

隐私是指一个社会自然人所具有的不危害他人与社会的个体秘密，就范围而言，包括个人的人身、财产、名誉、经历等信息。隐私权是传统社会重要的自由权利，其保护了个体行为的自由范围，尊重了个体的自然与选择偏好差异。因此，在很大程度上，隐私权是维持传统社会个体自由的重要基石。

在东西方的历史中，都很早确立了对隐私权的保护制度。例如，中国自古以来就制定了不能随意进入他人私宅窥探的制度；儒家从宗族保护的角度，有“亲亲相隐”的社会管理观念；法家则同样有家庭内部某些私事不予干预的制度。就西方国家而言，从古罗马开始，就尊重私人领域和公共领域的平衡。在西方传统文化中，对个人收入、女性年龄的打探都是极为不礼貌的行为。19 世纪末，英美正式通过立法的形式，形成了对隐私权的明确保护。至今，隐私权已经成为现代社会个人权利的基石。

20 世纪 70 年代，美国就开始通过立法的形式保护电子通信中的隐私权。而在经历了互联网、大数据技术的长期演化后，隐私保护在今天依然是一个值得人们关注的重要问题。

之所以如此，是因为隐私泄露几乎已成为大数据时代的必然结果。大数据时代几乎无所不在的监控与感知系统，以提供更好的服务为借口对用户信息的过度收集等，使得今天的网络用户在整个互联网上留下了基于其行为的庞大数字轨迹。而人工智能技术的出现加剧了隐私泄露的危险。

人工智能时代隐私问题与大数据时代的根本不同在于，大数据时代只做到了机器对数据的充分采集和存储，而对个体隐私的最终分析和判定依然需要由人工来进行。也就是说，尽管各种传感器和云存储可以精准地存储个体的各种信息，但是对信息的提取和复杂的综合判定仍需由人来完成。这就意味着，社会对个体进行精准监控的成本很高，只能做到针对少数个体的监控。然而，人工智能极大地降低了分析大数据的成本并提高了效率，通过人工智能，可以做到对所有个体数据进行关联分析和逻辑推理。例如，在大数据时代，尽管城市里的各种摄像头精准地记录了所有数字影像信息，但是其不能将影像对应到自然人上。而通过人工智能的特征分析，就可以将所有个体识别出来，再通过对所有摄像头影像进行分析，从而准确地记录每一个自然人的行动轨迹。因此，在人工智能时代，理论上所有个体的绝大多数行为都无法隐藏，无论其是否危害社会。

这就产生了一个问题：在今天或者未来，隐私权还是不是保障个体自由的基础？显然，答案应该是肯定的。那么，我们就要考虑如何限制人工智能在采集和分析隐私信息方面的权限。

（二）劳动竞争

关于机器与人争夺劳动岗位问题的讨论，从工业革命以后就开始了。18世纪的工人就开始有组织地损毁机器，然而这并没有阻碍人们对机器的运用，工作岗位也并没有减少，反而创造出大量的管理岗位和白领阶层。因此，有一种观点认为，人工智能作为一种机器，其最终也会创造大量的新岗位，而不只是对现有工作的替代。这一观点看似建立在历史经验的基础上，故而受到很多人的认可，并且作为一种有利于人工智能在生产领域大规模运用的理论支撑，也受到了企业家的欢迎。

然而，正如同我们反复强调的，今天对于人工智能的分析，绝不能盲目乐观地建立在历史经验之上。因为人工智能从根本上来说不只是一种替代体力劳动的机器，而是一种足以替代人类脑力劳动的智慧载体。如果我们把所有的经济活动进行分解，可以将所谓的经济活动理解为这样一个等式：原材料＋能源＋知识（技术、工艺、方法）＋智慧＋劳动＝产品＋服务。在这个过程中，人类既可以用计划命令的方式使得这个过程正常运作，也可以用资本的方式激励这个过程正常运作。

分析其中的每一个环节，可以发现，工业革命以后，主要是在原材料的获取、能源的开采和体力劳动方面，大规模使用了机械和电气设备，从而极大地提高了整个社会的生产力。在知识和智慧方面，则形成了庞大的专业知识分工体系和众多的管理岗位，这一部分始终无法被机器替代。然而，人工智能的关键能力就在于对核心知识的探索。今天的科学家已经在逐渐应用人工智能进行科学发现，如医生利用人工智能诊断疾病。而人脸识别、轨迹识别、会议记录等技术已被广泛应用于管理过程。由于人工智能具有强大的学习能力，所以人类大规模地退出生产性劳动将是一种历史必然。随之会产生一个问题，当出现人类大规模失业问题而物质产品却并不匮乏时，如何更公平地分配物质产品？这将是大规模劳动力被人工智能时代的机器替代后所面临的严重问题，如果解决不好，必然会出现严重的两极分化、社会不公和社会动荡。

此外，劳动竞争的潜在后果包括人类整体上逐渐失去生产能力，这对于人类种群的长期发展来说也是极为危险的。

（三）主体多元

人工智能除了在生产领域得到广泛应用，势必会出现在人类生活的各个角落。这就意味着从现在开始，人类将不得不开始适应人工智能在社会中的大量存在。

人工智能作为主体的社会化过程分为三个阶段：第一阶段，人工智能只是智能网络系统中的核心智慧模块（程序＋算力＋外设），通过广泛的互联网接入其涉及的各项工作和任务中去，这时的人工智能更像是具有高级识别与判断能力的机器助手；第二阶段，人们对人工智能生硬的外表和人机界面产生不满，为了便于沟通和接受，人类赋予了人工智能虚拟的人类外表和称呼，从而使得其在各种显示设备或者虚拟现实设备中能够以拟人的形态出现，在这一阶段，人工智能依然被屏幕或者非人类的人机界面所阻隔；第三阶段，人工智能将与各种仿生学技术相结合，最终以人类的形态出现，这时人工智能将可以完成人类的绝大多数社会行为。

当前，从技术的发展趋势来看，似乎没有什么因素能阻碍人工智能对人类形态的期待。《列子·汤问》中记载的人偶和达·芬奇在16世纪设计的机器人，都显示了人类对这一创造的好奇和期待。然而，这并不意味着人类真正对主体的多元化做好了准备。240 多年以前，瑞士钟表匠皮埃尔·雅克-德罗（Pierre Jaquet-Droz）在欧洲宫廷展示其设计的可以写字和弹琴的人形机器人时，曾引起了极大的恐慌，甚至被视为巫术。人类形态的人工智能是不是也会引起人们的恐慌将是一个问题。但可以肯定的是，拟人态机器人显然能够给人类带来更大的方便，无论是在生产还是生活方面，它们都可能成为人类的朋友、伙伴、家政服务员，甚至是良好的生活伴侣和家庭成员。然而，这显然也极大地挑战人类社会长期存在的生物学基础和伦理体系。在未来，机器人的权利和义务，以及管理机器人的体系，都将成为重大的社会问题。

（四）边界模糊

人类社会自形成以来就是一个典型的、具有明显内部边界的社会。传统社会是建立在地域、族群、血缘、知识、能力等基础上的分工体系。工业革命尽管建立了更大范围的生产和交换体系，但并没有削弱这种具有明显内部边界的分工，反而强化了这种分工，从而使各个领域的效率和能力最大化。然而，自人类进入网络时代以来，这种内部分工鲜明的社会格局逐渐被打破。网络首先淡化了地域分工，随后通过知识的扩散淡化了专业分工，不同价值观念的传播又使得人们根据自身的价值观念重新聚合（除血缘、地域、族群之外，价值观念也成为维系人际关系的重要因素）。而人工智能的出现，则进一步打破了传统的社会分工体系，模糊了社会的内部边界。

人类社会之所以形成了长期的内部分工体系，一方面是因为自然条件的约束和阻隔，另一方面是由于人类的学习能力较差。尽管人类具有远超于其他生物的学习能力和组织能力，然而与人工智能相比，人类的学习速度显然太慢了。人工智能所拥有的高运算能力、高信息检索能力、高进化性，使得其学习能力远远超过了人类。一名顶级的围棋选手需要长时间的学习才能取得一定的成绩，而人工智能只需要三天的自我博弈就可以战胜人类杰出的围棋大师。这种极为强大的学习能力产生了三个明显的后果。

第一，加强了机器生产多样化产品的能力，淡化了生产体系的专业边界。自工业革命以来，生产领域的专业化在极大地提高生产效率的同时，也使得机器具有较强的专业性，即机器大多经过专门设计，只能完成某个特殊工序，而很难切换到其他功能。近年来，快速制造、柔性制造、数控机床等技术的发展，提升了机器的柔性转换能力。伴随着人工智能在生产领域的不断深入，人工智能的多样化与柔性制造相结合，最终将模糊和淡化机器之间的严格分工边界。使得生产某种产品的机器在需要的时候可以智能地转换为生产另一种产品的机器，这同样意味着整个智能生产体系将打破基于产品的分工边界。

第二，加强了人类的学习能力，淡化了人与人之间的社会专业分工边界。在人工智能的辅助下，人类在进入新的领域时，不再需要漫长的训练，而只需要监督人工智能工作就可以了。如果人类在人工智能的辅助下逐渐成为多功能者，社会分工的必要性就会降低。

第三，最终会模糊人与机器之间的界限。人作为主体而机器作为客体的严格界限，最终将被作为智慧载体的人工智能打破。

如果机器与机器、人与人、人与机器之间的界限逐渐变得模糊，那么这一方面意味着人类社会将有更大的灵活性，另一方面也意味着基于分工形成的传统社会结构将逐渐瓦解。

（五）能力溢出

在人类的发展史上，劳动力不足和生产效率低下一直是人类面临的两大难题，故而人类一直致力于增强自身能力和提高生产工具的效能。然而，近年来，随着信息技术的快速发展，人类逐渐遇到了机器能力超出或者冗余的问题。例如，在使用计算机辅助工作时（如文档处理、文字与视频交互、网页浏览、工业控制等），人们远没有用到今天动辄百亿晶体管芯片的全部能力，甚至十余年前发明的芯片也足以满足大部分工作场景的要求。这就提出了能力溢出这一问题。

在人工智能时代，这种能力溢出将表现得更为明显。人工智能是一个基于复杂的硬件、算法、网络、数据的堆叠体系，在算力大幅度增长和网络技术快速提高等因素的推动下，人工智能的能力将飞快地超越人类的预想。

这种普遍的能力溢出将会带来以下影响：一是可能会造成较为严重的浪费；二是有可能形成计算能力的普遍化，也就是人们通常所说的“普适计算”；三是可能对人工智能的安全控制造成不利影响。基于智能设备的普遍连接和分布式运算形成的分布式智能体系，将比集中式的人工智能体系更加难以理解、预料和监控，这显然会对人类社会产生较为严重的安全威胁。以最常见的拥堵式网络攻击为例，大量的冗余计算能力为攻击者提供了足够的分布式算力。而人工智能的普遍分布化，也会极大地模糊人工智能的边界。

（六）惩罚无效

在人工智能普遍进入人类社会后，将会造成传统治理体系惩罚无效的重大隐患。就治理逻辑而言，人类社会的治理遵循着三个原则：一是道德原则，即社会确立什么是对、什么是错的道德规范，从而在人类的内心深处引导其行为；二是奖励原则，即通过物质、荣誉、身份等各种渠道，对好的行为进行奖励；三是惩罚原则，即对负面的行为进行惩罚和纠正。目前，人类社会的法律体系是以惩罚原则为主要表现形式的，道德原则和奖励原则则通过教育、经济、政治等其他系统来实现。

当人工智能，特别是人形机器人进入人类社会后，原有人类行为治理体系会失效，尤其是惩罚系统会失效。由于人工智能的个体属性界定不明，与人类的生理系统完全不同，与人类的心理系统也不一致，人类社会基于经济惩罚和人身自由限制的惩罚体系对人工智能能起多大作用，将很难估计。目前的一些法律研究者认为，不应该赋予人工智能独立的法律主体地位，而应该追溯人工智能的拥有者，或按照追究“监护人”责任的形式来惩罚人工智能的设计者或者拥有者。然而，这种观点忽略了人工智能可能具有独立的判断能力和个体意志。

在人工智能时代早期，惩罚体系的失效问题可能尚不明显，一旦人工智能被大规模应用后，其可能引发严重的社会风险。一些自然人可能会利用人工智能进行违法活动，并借此逃避惩罚，或者人工智能在做出伤害人类的行为后，所受惩罚对其没有实质意义。

（七）伦理冲突

人工智能大规模进入社会还会引发一系列严重的伦理和价值问题：大到人工智能会不会伤害人类，甚至人工智能是否能够管理人类，小到人工智能是否具有和人类一样的权利，例如自由权、人格权、休息权、获取报酬权、继承权等。这些问题都直接关系到人工智能与人类的基本关系。

如果人类发明和完善人工智能，只是将其视为人类的附属，令其可以无条件地为人类提供服务，那么人工智能的属性与之前的机器并无太大不同，但这显然与人工智能高等智慧载体的属性相违背。而如果尊重并赋予人工智能，特别是具有人类外观的机器人与人类一样的权利，人工智能则显然不会完全按照人类的意愿行事，那么人类为什么要创造出与自己具有一样的自由意志和权利，且又在各方面显然优于人类的新种群呢？这是一个需要人类深思的问题。

有人可能认为这种担心没有必要，然而从近代以来对动物权的立法保护历程来看，动物从原先严格意义上的人类的附庸逐渐转变为拥有越来越多权利的个体，如休息权、不被虐杀权等，德国和意大利的法律甚至规定宠物可以继承主人名下的财产。这意味着，不同物种也具有平等的权利可能是人类社会的一种发展趋势。就人工智能而言，长久地将拥有高度智慧并且与人类共同生存的种群置于人类的严格约束下，无论是在伦理还是在可行性上都很难实现。因此，人类将如何面对人工智能，特别是具有人类形态的人工智能？我们应该在什么阶段赋予人工智能怎样的权利？这些都是从现在起就必须思考的问题。

（八）暴力扩散

机械和能源的进步极大地提高了战争的规模和惨烈程度，而计算机最早的发明也是用于军事方面的密码破译和弹道计算。因此，技术的进步，必须要警惕其所引发的在社会暴力领域的变革。

人工智能在暴力领域的应用显然已经成为一种事实而不是推测。在 20 世纪，很多发达国家的军队都有了基于自动控制和远程遥控的无人机。目前，主要发达国家都在进行人工智能的军事化研发，美军把人工智能化作为军队变革的核心方向，战斗机、坦克等直接攻击性武器和运输辅助性武器都在进行人工智能化。

人工智能的暴力影响，不只在国家层面的军事领域，在其他各种领域都将产生作用。例如，执法部门利用人工智能进行执法；恐怖分子则利用人工智能进行恐怖活动；在网络虚拟领域，黑客可以利用人工智能操控大量网络节点进行自主攻击。可见，人工智能虽然可能通过加强公共权力的暴力而改善公共安全，但还可能形成暴力的滥用从而危害公共安全。

总体而言，由于人工智能技术的模仿在开源体系的帮助下，远较其他大规模杀伤性武器更容易，因此，基于人工智能武器化造成的恐怖与犯罪在未来可能会更加泛滥。而一些国家赋予人工智能杀伤权的行为亦会违背机器不能伤害人的伦理底线，从而使得未来的人工智能技术变得更具风险。

（九）种群替代

由于人工智能是一种在各方面都与人类迥异，但又更具有优势的智慧载体，因此人类整体将面临种群替代的风险，这种种群替代的过程是渐进的。起初，人工智能与人类相互融合、亲密无间，由于人工智能在早期既不具有严格的权利保护，又没有独立意识，并且大量功能是为人类专门设计的，因此，人工智能可能会是好工具、好助手、好朋友、好伴侣。然而，随着人工智能的大量应用，其越来越复杂，人工智能不再只是为人类服务的工具，而会逐渐演化出自我认知和权利意识。此外，人工智能对人类就业的大量替代和人工智能广泛参与社会暴力，也会加剧人类与人工智能之间的紧张关系。

人类的底线不只体现在经济发展上应避免过度依赖人工智能，也体现在生育过程的纯粹性，也就是种群代际传递的纯粹性。然而，近年来生物技术的发展逐渐打开了生命本身的神秘大门，人类开始能够通过人工手段辅助生育。这就意味着，不但人类能够创造人工智能，反过来人工智能也能够通过技术手段创造人类。双方在相互创造关系上的对等，意味着人类作为单一智慧种群特殊地位的消失。那么，人类到底在哪些领域是人工智能所不能替代的？对这个问题的回答，伴随着人工智能的发展，人类已经很难像以往那样自信了。

（十）文明异化

文明到底是什么？人到底应该如何定义？人的最终归宿是什么？这些问题自从被古希腊哲学家提出后，就一直萦绕在人类心头。如果把文明定义为智慧的表现形态和能够达到的高度，那么文明的形态显然具有多种可能。尽管至今人类尚未有足够的证据证明存在外星文明，但是从人工智能的发展来看，其显然提供了一种新的智慧载体的文明形态。

在这样的转型时期，人类是坚守狭义人类文明的界限，还是扩展对文明的定义和形态的认识？这是当今人类必须面对的问题。如果承认文明具有多种形态，则意味着人类文明可能不是最优形态。显然，这对于人类来说将是难以接受的。人类可能会经历一个较长时间的过渡和斗争阶段，如对AI增强型人类、基因改造人类和人形AI有一个逐渐接受的过程，并最终接受文明的广义形态。

第二节　人工智能治理的障碍与对策

一、人工智能治理的障碍

在今天文明转型的重大历史时刻，人类应该团结起来做好对人工智能治理的准备，然而这一领域至今还存在诸多障碍。

（一）对人工智能的风险认识不充分，过度自信

人工智能的发展速度很快，真正能够认识人工智能整体风险的，往往是少数科学家、企业家、政治家。而大量的社会个体，要么是缺乏足够的信息，要么是对人工智能整体的发展盲目乐观，过度自信。的确，在此之前人类从未真正创造出和人类一样，甚至超过人类的机器，因此，绝大多数人并不认为人工智能有一天会真的反过来超越人类文明。

还有一种过于乐观的看法则是，技术本身孕育着技术的解决方案。因此，伴随着人工智能的发展，在今天看来难以治理的困境，在未来可能自然而然就

解决了。这种观点本质上是对人类文明抱有乐观的心态，从而对人工智能采取了自由放任的态度。然而，文明发展的“大筛选”理论可能意味着不是所有的文明最终都会有良好的进化结局。因此，不能用一种尝试的态度来面对未来显然存在的不确定性风险。

（二）人工智能发展的透明性和可解读性不足

从技术本身的角度来看，对人类而言，人工智能最大的治理困难在于其本身的复杂性远超过传统的程序。今天，动辄数百万节点的人工智能系统则意味着人类能够实现人工智能，但人类并未真正理解人工智能。

这种透明性的不足，导致人类无论是对于人工智能的智慧进化水平，还是对于多人工智能的相互连接机制，抑或对于人工智能对人类态度的了解，都处于模糊的状态。这种模糊性使得人类制定有针对性的治理策略变得十分困难。过早的政策制约显然会阻碍人类的技术发展，而过迟的应对则将使人类陷入危险的境地。

（三）技术研发和应用的盲目竞争

近年来，人工智能飞速发展背后的核心驱动是科技领域的激烈竞争。这种竞争的直接表现是人工智能相关企业之间的密集竞争。各领域的龙头企业看准了向人工智能转型将是保证未来竞争力的核心要素，而人工智能研发的头部企业更将人工智能看作整个科技研发的制高点。在这样激烈的竞争下，人工智能的研发便走上了快车道。

从应用的角度看，通过人工智能大幅度降低企业成本，可以极大地提高企业的产品竞争力，增加企业的利润。在利益的驱动下，企业也有尽可能发展人工智能的动机。

（四）开源体系的知识无序扩散

人工智能近年来在世界各国的飞速发展，还与近几十年来全球 IT 领域的开源运动相关。从 20 世纪 80 年代开始，以 Linux 操作系统为代表，全球 IT 领域掀起了以免费、共享、参与为目的的开源运动。伴随着互联网的进一步深入发展，开源运动已经成为当前 IT 领域非常重要的驱动力量，从操作系统到硬件设计的所有领域，都可以找到开源的解决方案，这就为人工智能技术的扩散提供了极大的便利。

人工智能技术看似高深，实际上其原理并不复杂。凭借开源运动，任何国家与企业都可以通过下载已有的开源人工智能代码并略做修改，来开发自己的人工智能应用。因此，“不造轮子”而直接“造车子”成了当前人工智能发展的主流模式，这在促进人工智能技术传播的同时，也增加了技术风险扩散的可能性。

（五）研究共同体的科研自组织伦理的不足

科研伦理是科研共同体自律和控制技术风险的第一环节。然而，由于科研伦理本身是一个自我约束性道德体系，而缺乏强制性。因此在面对涉及人类发展的重大科技突破时，自组织伦理往往会远落后于技术发展，从而失去约束力。

就目前人工智能研发的伦理体系而言，从 20 世纪 80 年代开始，陆续就有一些国家的人工智能研发机构制定了相应的人工智能开发原则，其基本的原则就是不能研发伤害人类的人工智能。显然，科研界对人工智能的风险是有一定程度的预估的。然而，当这种科研约束体系面临巨大的商业利益时，约束体系就很可能失效。

（六）国家间的战略竞争—人工智能应用，特别是军事化应用的巨大潜力

人工智能治理所面临的最大障碍，在于国家与国家之间围绕人工智能形成的国家竞争。从目前全球各主要国家发布的政策来看，世界主要大国无一不将人工智能视为未来主要的国家竞争优势。因此，主要大国无一不尽全力发展人工智能。

当前，人工智能所展示出的高效率、高可靠性、低人力成本等优势，在改善一个国家的经济、管理、科技和军事等方面，已显示出巨大的潜力。特别是人工智能在军事领域的应用，将极大地增强一个国家的军事实力。因此，尽管世界各国都认识到人工智能可能具有高度的风险，并且也发生过研发人工智能企业的科学家提出风险方面的抗议并退出项目的事件，但仍旧无法阻止各国全力发展人工智能的军事化应用。

可以说，当前人工智能发展的态势十分类似于人类经历过的对核武器的控制态势。尽管当第一颗原子弹爆炸之后，核科学家就一致发起请愿——永远不将核武器运用在实战领域并保持对核武器的控制，然而世界主要国家还是在尽全力发展核武器。直到今天，全球核武器仍然没有被严格控制，可以说，人类对于核武器扩散的控制实际上是失败的。然而，在面对人工智能时，人类将面临更为复杂的环境。因为在表象上，人工智能比核武器更加缺乏破坏性、更加安全，并且更加容易复制，对于国家来说更具有优势。

二、人工智能治理的对策

从当前的趋势来看，人工智能的持续发展已经是一个完全不可逆的过程。考虑到人工智能所具有的潜在高风险，全人类必须高度重视，并尽快推动人工智能全球治理体系的构建。

（一）尽快达成人工智能技术的风险共识

在当今社会的各个领域，特别是在政治、商业和科学领域，决策者要充分认识到人工智能所具有的潜在风险。这种对人工智能风险的认识，决定着相关决策者在制定相应政策时所采取的态度。推动对人工智能风险达成共识，既需要社会的广泛宣传、探讨和沟通，也需要唤醒全人类共同的责任意识。在这一过程中，要避免人工智能技术被政治竞争和资本竞争所绑架，从而陷入盲目发展的境地，并导致不可挽回的后果。整个知识界首先要高度警惕，尽力推动人工智能的安全风险教育，从而将技术的发展纳入有序的轨道。

（二）共同推进人工智能的透明性和可解读性研究

人工智能系统构建和训练的便捷性，使得人们忽视了对人工智能透明性和可解读性的重视，从而造成了风险的增加。然而，这并不意味着人工智能完全不具有透明性和可解读性。将所有的功能完全交给复杂网络，以实现人们预期的功能，是造成人工智能透明性和可解读性下降的重要原因。因此，在人工智能的设计上，要避免以复杂的堆叠为唯一思路。从逻辑主义到连接主义的混合策略，将是改善人工智能透明性和可解读性的重要方式。

此外，不仅技术本身应是透明的和可解读的，研发机构的各项研究对于公众和政府也应该是透明的。人工智能研发机构要定期向公众和监管机构报告其研发进程，从而使得社会多方面参与到人工智能发展进程的监控中。

（三）构建全球人工智能科研共同体的伦理体系

伦理虽然不是法律，但它是制约个体行为的重要因素。当前，应该尽快通过全世界的科研体系建设，形成全球人工智能科研伦理体系。该体系的成立目的包括对人工智能武器化的谴责、对人形机器人开发的约束等。在科研伦理的设置上，不能延续以往“法无禁止皆可为”的自由主义准则，科学家应充分意识到，科研成果有可能影响人类的前途和命运。

此外，建立具有半强制性的全球人工智能科研伦理委员会，应该成为世界各国科研团体当前的迫切任务。建设这一委员会的目的是控制相关研发成果不超过基本的伦理边界。当然，这种全球协作机制应该避免国家意志的操控，不能成为世界各国政治角逐的工具。

（四）推动各国完善人工智能的国内立法

与伦理不同，法律反映的是大众意志和国家意志。可以说，法律是捍卫社会利益的最后底线。对人工智能研究的监督和约束，绝不能仅靠相关 IT 研究人员，必须将其纳入全社会共同的监督和国家监管之下。

就各国立法而言，在政府大力推动人工智能发展的同时，世界各主要国家的立法机构都对人工智能的治理进行了相应的立法准备。例如，美国两院于 2017 年 12 月提出《人工智能未来法案》，欧盟自 2018 年起就提出对人工智能进行立法。然而，由于当前人工智能发展速度过快，外界对其进展知之不深，并且其还未产生重大的危害性事故，因此，相关约束性立法还未明确形成。

（五）加快建立全球协作治理机制

关于人工智能，人类必须构建共同的合作治理机制，以应对共同的技术风险。否则，由于人工智能技术的高流动性和扩散性，人工智能研发企业很容易从监管更严的国家迁移到没有监管的国家，从而规避管制。

就治理的目的而言，全球合作至少应达到以下目的：一是阻止人工智能在军事领域的滥用；二是对人工智能进入人类社会的风险进行监测与评估，防止人工智能对人类社会进行过度的改造；三是评估人工智能的进化进程，从而做好安全防范工作。

然而，从现实角度来看，在构建防止过度开发与滥用人工智能的机制上，各国都面临着一个复杂的问题，即如果对方遵守协议而己方优先发展，则己方可以获得更大的国家竞争优势。在这种情况下，全球合作治理显然是困难的，但这并不意味着其无法实现。当越来越多的人认识到人工智能可能带来的巨大风险时，势必会促使全球形成对人工智能共同的管制策略。

参考文献

[1] 方卫华，程德虎，陆纬，等. 大型调水工程安全信息感知、生成与利用[M]. 南京：河海大学出版社，2019.

[2] 高崇. 人工智能社会学[M]. 北京：北京邮电大学出版社，2020.

[3] 何泽奇，韩芳，曾辉. 人工智能[M]. 北京：航空工业出版社，2021.

[4] 何哲. 人工智能时代的治理转型：挑战、变革与未来[M]. 北京：知识产权出版社，2021.

[5] 黄勇. 科学魅力：强大的智能机器人[M]. 北京：兵器工业出版社，2012.

[6] 焦李成，李若辰，慕彩红，等. 简明人工智能[M]. 西安：西安电子科技大学出版社，2019.

[7] 兰楚文，高泽华. 物联网技术与创意[M]. 北京：北京邮电大学出版社，2020.

[8] 李建敦. 大数据技术与应用导论[M]. 北京：机械工业出版社，2021.

[9] 李娟. 智慧监所实务[M]. 石家庄：河北科学技术出版社，2021.

[10] 李清娟，岳中刚，余典范. 人工智能与产业变革[M]. 上海：上海财经大学出版社，2020.

[11] 梁彦霞，金蓉，张新社. 新编通信技术概论[M]. 武汉：华中科技大学出版社，2021.

[12] 林新杰. 本领过人的智能机器[M]. 北京：测绘出版社，2013.

[13] 刘刚，张杲峰，周庆国. 人工智能导论[M]. 北京：北京邮电大学出版社 2020.

[14] 闵庆飞，刘志勇. 人工智能：技术、商业与社会[M]. 北京：机械工业出版社，2021.

[15] 谭铁牛. 人工智能：用 AI 技术打造智能化未来[M]. 北京：中国科学技术出版社，2019.

[16] 天津滨海迅腾科技集团有限公司. 走进大数据与人工智能[M]. 天津：天津大学出版社，2018.

[17] 王健宗，何安珣，李泽远. 金融智能：AI 如何为银行、保险、证券业赋能[M]. 北京：机械工业出版社，2020.

[18] 王天然. 机器人[M]，北京：化学工业出版社，2002.

[19] 武汇岳. 人机交互中的用户行为研究[M]. 广州：中山大学出版社，2019.

[20] 武军超. 人工智能[M]. 天津：天津科学技术出版社，2019.

[21] 徐诺金. 智慧金融手册[M]. 北京：中国金融出版社 2018.

[22] 徐忠，孙国峰，姚前，等. 金融科技：发展趋势与监管[M]. 北京：中国金融出版社，2017.

[23] 杨旭东，陈丹，宋志恒. 大数据概论[M]. 成都：电子科技大学出版社，2019.

[24] 杨忠明. 人工智能应用导论[M]. 西安：西安电子科技大学出版社，2019.

[25] 尹方平. 新编生物特征识别与应用[M]. 成都：电子科技大学出版社，2016.

[26] 曾凌静，黄金凤. 人工智能与大数据导论[M]. 成都：电子科技大学出版社，2020.

[27] 张铎. 生物识别技术基础[M]. 武汉：武汉大学出版社，2009.

[28] 张鹏涛，周瑜，李珊珊. 大数据技术应用研究[M]. 成都：电子科技大学出版社，2020.

[29] 周苏，张泳. 人工智能导论[M]. 北京：机械工业出版社，2020.